"十二五"国家重点出版物出版规划项目

现代海军兵器技术丛书

面向任务的多级备件方案评 估 技 术

李 华 李庆民 著

兵器工业出版社

内容简介

准确评估备件方案的保障效果是备件方案优化的前提。本书针对执行任务期间故障件不能完全修复（修复概率小于1）的实际情况，综合考虑多等级保障组织体系、多层级装备、故障件修理效果、备件运输时间等多种影响因素，全面、系统地介绍了多级备件方案保障效果评估技术，内容涉及可靠性/保障性基本概念、多等级/多层级保障、串件拼修、备件补给策略和备件方案优化等方面。为便于理解，每个关键知识点都给出了仿真验证方法和仿真结果，并以例题的形式说明其应用。

本书可作为备件供应保障管理人员和工业部门保障性工程师的参考书，也可作为高等院校装备供应管理专业的教材。

图书在版编目（CIP）数据

面向任务的多级备件方案评估技术 / 李华，李庆民著. -- 北京 ： 兵器工业出版社，2015.10
（现代海军兵器技术丛书 / 林春生，滕克难主编）
"十二五" 国家重点出版物出版规划项目
ISBN 978-7-5181-0131-3

Ⅰ. ①面… Ⅱ. ①李… ②李… Ⅲ. ①海军武器－多级－备件－方案－评估 Ⅳ. ①E925

中国版本图书馆CIP数据核字（2015）第183764号

出版发行：兵器工业出版社　　　　　　　　责任编辑：陈红梅　许　晶
发行电话：010-68962596，68962591　　　封面设计：正红旗下
邮　　编：100089　　　　　　　　　　　　责任校对：郭　芳
社　　址：北京市海淀区车道沟10号　　　　责任印制：王京华
经　　销：各地新华书店　　　　　　　　　　开　　本：710×1000　1/16
印　　刷：北京圣夫亚美印刷有限公司　　　　印　　张：12.5
版　　次：2015年10月第1版第1次印刷　　　字　　数：204千字
　　　　　　　　　　　　　　　　　　　　　定　　价：56.00元

丛书序

　　海军肩负着保卫国家海洋领土完整、海洋运输线安全和国家海洋权益的重大使命，先进的海军兵器是海军履行使命的基本保证。新中国建立以后，伴随着我国海军部队的发展和壮大，海军兵器从无到有，在科学原理、设计理论、制造技术、保障方法等方面得到了全方位的发展。我国海军兵器技术的发展经历了二十世纪五十、六十年代的全面仿制阶段和七十、八十年代的原理模仿与技术创新阶段，从九十年代起，进入了全面自主设计阶段，使得我国海军在役兵器的主体具备了完全的知识产权，海军兵器技术理论也逐步得到发展和完善。特别是最近十几年来，随着国家海洋权益意识的不断提高和海军转型改革的不断深入，海军兵器得到了更加迅速的发展，大量新型高技术兵器已经装备部队或者即将装备部队；不少新装备采用了新概念、新技术、新材料、新能源，海军兵器正朝着智能化、信息化、精确打击的目标发展。

　　随着海军大批高新技术兵器装备部队，以及兵器学科理论的发展与完善，迫切需要一套全面反映海军兵器学科基础理论、设计制造技术、保障方法的丛书，一方面方便广大海军官兵系统掌握现代海军兵器的基础理论、技术原理和使用维护方法，以便科学合理地运用兵器、充分发挥高新技术兵器的作战效能；另一方面，对海军兵器学科理论的发展做一个比较全面系统的归纳和总结，以促进海军兵器学科理论和技术方法的创新。为此，我们组织编撰了《现代海军兵器技术丛书》。该丛书以相关专业教学、科研人员近十几年来的学术积累为基础，同时广泛收集国内相关技术领域的代表性研究成果，着重论述新兴技术对海军装备的影响，结合海军装备技术发展热点，全面阐述海军兵器的新理论、新技术、新发展；丛书内容涉及舰炮、鱼雷与反潜武器、水雷与反水雷、导弹等多种海军兵器；丛书编撰注重学科理论和技术原理的阐述，同时兼顾内容的系统性，力争使丛书兼备较高的学术水平和较好的实用性。

　　本丛书可供海军兵器论证、设计、制造、使用和维护领域的技术人员和管理人员阅读参考，也可用作相关高等院校专业师生的教学参考书。

《现代海军兵器技术丛书》编委会

2015 年 2 月

前　言

　　备件是部队成系统、成建制形成作战能力和保障能力的物质基础。随着我国海军由"近海防御"向"远海防卫"的战略转型，具备远海机动作战能力已成为我国海军发展的重点。如何制定科学合理的备件方案，在可承受的费用范围内确保执行远海作战任务期间武器装备的战备完好性，是备件保障工作的核心内容。而备件方案得以优化的前提取决于能否准确评估各种备件方案的保障效果。

　　本书聚焦备件方案的保障效果评估问题，共8章内容。第1章主要阐述执行任务期间备件供应的特点以及研究现状。第2章主要介绍涉及备件保障的可靠性相关概念、保障效果度量指标等基础知识。在介绍这些概念的数学定义之后，着重探讨其背后的物理含义及相互关系。第3章针对单项备件需求量计算时，将"装机数大于1视为串联可靠性关系"的常规假定扩展到更具普遍意义的表决可靠性关系，提出了Gamma等效和正态等效两种备件需求量计算方法。第4章研究的是多等级保障组织体系下，备件方案的保障效果评估问题，回答其核心问题：各级保障单位之间存在备件运输时间和故障件修理时间时，如何计算其对保障效果的影响？如何计算各个装备现场站点从上级保障单位获得的备件数量？第5章研究的是装备为多层级结构时，备件方案的保障效果评估问题，回答其核心问题：当大（LRU）、小（SRU）备件都配备时，如何评估SRU对最终保障效果的影响？并进一步探讨了多层级装备串件拼修的物理本质。第6章针对可靠性/价格一般、消耗量大的产品单元，研究了第4、5章的方法能否适用于备件批量补给策略$(S-K, S)$下的保障效果评估问题，并提出了$(S-X, S)$备件补给策略。第7章综合应用上述研究成果，以任务期间、多等级保障、多层级装备为背景，以边际效益分析为基本优化方法，开展了多级备件方案的优化研究。第8章对本书进行总结。

　　本书由李华和李庆民著，是海军工程大学近几年综合保障工作的总结，也是我们综合保障团队多年研究成果的汇总。综合保障团队中邵松世、刘任洋、罗祎、彭英武、阮旻智、徐立、张光宇、王慎、周亮等的研究工作对《面向任务的多级备件方案评估技术》的最终成稿作出了贡献。海军工程大学张志华教授对书中内容进行了认真审阅，并提出了宝贵意见。在此一并表示衷心感谢。

　　受作者学术水平的限制，本书难免存在不足，欢迎读者批评指正（作者联系方式：akbng094nba@163.com）。

作者

2015 年 6 月于武汉

目　　录

第1章 绪论

1.1 为什么写这本书

在我们从事综合保障关于备件的工作和研究过程中，美国兰德公司（RAND）著名备件管理专家克雷格·C. 舍布鲁克（Craig C. Sherbrooke）博士的《装备备件最优库存建模——多级技术》，是对我们影响最为深远的一本著作。

对于可靠性高、消耗低、价格昂贵的修复性备件，舍布鲁克（Sherbrooke）最早提出该库存对策下的多等级理论[1-4]（METRIC 模型），此后大多数关于该理论的研究[5-15]都是在 METRIC 模型的基础上进行扩展。例如：Muckstadt[6]将备件结构层级进行分解，提出了多层级 MOD - METRIC 模型；1985 年，Graves[10]研究了该模型近似算法的简单推导过程，并通过试验对其进行验证；1986 年，Slay 和 Sherbrooke 提出了备件初始配置优化的多等级多层级理论，即 VARI - METRIC 模型[11]，该模型的提出是备件优化配置理论上的一次重要突破。相比其他库存模型而言，VARI - METRIC 模型性能优越、操作简单、运算结果精度高，已经成为国外几种较先进备件优化工具（如瑞典的 OPUS10、美国的 VMETRIC 等）中的核心模型。Sherbrooke 等人曾在美国乔治空军基地进行试验并利用该模型为其制定备件方案，经过多次实际应用和长期的数据积累，模型的可信度得到了验证。

库存论方面的多数专著利用单项法计算确定备件的库存量，往往忽视或者不能全面考虑备件价格、保障等级、装备隶属层级、备件运输和故障件修理等众多因素。Sherbrooke 等人的研究表明：对于任何一种力图全面、系统解决备件库存问题的方法来说，只有针对"多级"，才有可能是一种系统的解决方法。所谓多级，在《装备备件最优库存建模——多级技术》中有两层含义。第一层含义是保障组织体系的等级为多等级，类似于按行政隶属关系划分的多级保障体制，例如海军中常见的舰员级、基地级等。第二层含义是备件产品树内部的隶属层级为多层级，换件维修时我们常说的"换小（SRU）不换大（LRU）"，这里的大小就是备件层级的高低。《装备备件最优库存建模——多级技术》是首部综合考虑这些因素、采用系统法建立库存模型的专业著作。本书名中"多级"亦指保障组织体系的多等级、装备隶属的多层级。

我们认为：准确评估备件方案的保障效果，是解决备件库存优化问题的前提。

我们在应用 VARI - METRIC 理论和相关软件，开展装备全寿命期备件费用估计、制定年度备件采购计划等一系列相关备件工作过程中，逐步明晰了该理论适用范围，发现了该理论或者说《装备备件最优库存建模——多级技术》未涉及的备件问题：相对于装备全寿命周期这漫长的时间，VARI - METRIC 理论能否针对海上 N 个月的"短期"任务，制定出优化的多级备件方案？

我们的判断是：不能！

我们认为：以可靠性高、消耗低、价格昂贵的修复性备件为研究对象，依靠全体保障组织体系中的所有单位，是 VARI - METRIC 理论的研究大背景。正是该背景，才有了"故障件能被保障组织体系中的某个单位最终修复" VARI - METRIC 理论中这一基础性假定。但这假定，在任务期间，却不一定能满足——尤其是对海军装备！海军装备在海上执行以月为单位的任务时，往往远离陆上的保障组织体系，只能立足舰艇或编队自身的库存/维修力量，无法得到保障组织体系中所有单位的支持。即便有定时补给、应急补给，受舰艇维修设施、人员等条件的限制，也不是所有备件都能补给得上、用得上。因此，"故障件能在任务期间被最终修复"的假定在大多数情况下不能成立。那些在装备全寿命期间内能最终被修复的故障件，在执行任务期间、在战场却不能总是被修复这一事实，是 VARI - METRIC 理论不适用于解决任务期间备件库存优化问题的主要原因。站在时间轴的尽头，VARI - METRIC 理论是一种着眼全体保障组织体系，从装备长期列装、全寿命的高度，解决备件库存优化问题的理论。

"千里之行，始于足下。"装备在一次次具体任务中的表现，构成了装备全寿命期内的表现。而任务期间备件方案是否科学合理，对装备的表现影响重大。装备在任务期和非任务期两种阶段保障力量不一样的事实，是我们开展面向任务的多级备件问题研究的原因。

参照《装备备件最优库存建模——多级技术》，我们在研究过程中，考虑了保障等级、装备隶属层级、备件运输时间、故障件修理时间和备件价格等众多因素，但与其不同的是，我们将故障件最终修复概率等于1，修改为更符合任务期间实际情况的修复概率小于1。从这个意义上来说，本书可与《装备备件最优库存建模——多级技术》长短结合、互为补充，这也是本书的价值所在。

1.2 研究原则

在研究面向任务的多级备件方案过程中，我们遵循以下原则：

1. 坚持仿真验证的原则

我们利用离散事件仿真理论，针对装备发生故障后涉及的备件申请/供应、故障件修理等事件，建立备件保障过程模型。对构成任务期间多级备件方案保障效果评估技术中的每一关键点，都要有针对性地进行大量仿真实验，确定其能通过仿真验证。事实上，仿真在我们的研究过程中，并不仅仅是事后验证。在很多时候，是在观察、分析大量仿真结果后，从中抽象、提炼出相关方法。

2. 坚持简化的原则

"建模是一种简化的艺术。"依据帕尔姆定理，将假定修理时间服从某种分布的一般做法，简化成修理时间为常数，使得在不借助离散事件专用仿真开发平台的前提下，在 Matlab 中实现了备件保障过程的仿真，为研究的顺利进行打开了仿真验证之门。

3. 抓主要矛盾的原则

备件方案的保障效果，受任务时间、工作强度、保障等级、装备隶属层级、备件运输时间、故障件修理时间和修复概率等多重因素综合影响。如果研究从一开始就考虑所有这些因素，则在这些因素共同作用之下，往往难以看到表面仿真现象之下的本质规律。为此，我们按照一次只解决一种矛盾的思路，从最简单的不修复单元、两级单站点单层部件、两级两站点单层装备、单站点两层装备等情况入手，把当前研究因素突显成主要矛盾，逐点研究、逐步突破，最终在保障延误与备件数量的关系、多等级保障下的备件资源如何分配、多层级装备 SRU 备件如何计算保障效果等关键问题上，掌握了其各自本质规律，综合这些规律，水到渠成，形成最终的面向任务的多级备件方案保障效果评估技术。

4. 坚持工程应用的原则

备件保障不仅是理论问题，也是工程问题。工程应用的实际情况，会对理论研究内容产生影响。例如，我们提出的备件方案保障效果评估技术，一般在实际使用可用度高或低的情况下有着较高的准确性，在使用可用度一般（例如为 0.7）时，则会存在 0.1 左右的误差。但由于在备件保障实际工作中，我们关注的备件方案一般是高使用可用度的方案，对那些保障效果一般的备件方案，能准确定性评估即可，不必再花更多的精力去提高该情况下的定量评估准确性。因此从工程应用的角度，该技术目前的评估准确性表现可以接受、足以解决我们关注的问题。此外，为便于工程应用，我们给出了本书评估技术的 Matlab 版部分实现代码。为此，在可靠性函数形式等方面与 Matlab 里的相关内容保持一致，这也是我们用 $\exp(\mu)$ 而不是用通常数学教科书 $\exp(\lambda)$ 来表示指数分布的直接原因。也是贯彻工程应用的原则，我们把广泛采用的 $(S-1, S)$ 备件补给策略，扩充为 $(S-K, S)$ 策略并给出了相应的保障效果评估方法，并进一步提出了更合理、效率更高的 $(S-X, S)$ 策略。

第2章 可靠性与保障性基础

本章首先介绍失效分布函数、可靠度函数等关于可靠性的一些重要概念，然后对一些常见的备件保障概率、使用可用度等保障指标的物理含义以及相互关系展开论述，最后介绍寿命服从指数、Gamma 和正态分布的产品单元备件计算方法。

本书中的相关术语，来源于 GJB4355—2002《备件供应规划要求》中的定义：

备件：维修装备及其主要成品所需的元器件、零件、组件或部件等的统称。包括可修复备件与不修复备件。

可修复备件：故障或损坏后，采用经济可行的技术手段修理，能恢复其原有功能的备件。

不修复备件：故障或损坏后，不能采用经济可行的技术手段加以修复的备件。

消耗品（件）：装备在使用与维修中消耗掉的未定义为备件的物品（件）。

平均保障延误时间：为取得必要的维修资源（如：备件、人员、测试设备、信息等）而不能及时对装备进行维修所延误时间的平均值。

产品树：通过横向的和速降的分解图把构成系统的所有层次逐一排队所形成的树状结构图。产品树分解图由系统、分系统、设备、部件、组件、零件（或元器件）等组成。

借鉴 GJB4355 的上述内容，在本书中我们定义不修复件如下：

不修复件：故障或损坏后，不能采用经济可行的技术手段加以修复的元器件、零件、组件或部件等。当装备中的元器件、零件、组件或部件为不修复时，其对应的备件为不修复备件。

在本书中，使用"项"表示一类某型号的备件（品种），并用"件"来表示备件的数量。

2.1 可靠性相关概念

在本书中,"产品单元"是小到一个元器件、大到一个系统的任何可独立计算的产品概念。当产品单元为不修复件时,产品单元的首次失效是个值得关注的问题。严格意义上的不修复产品在首次失效后将报废;但在实际当中,大部分产品单元失效后将被进行维修[17]。在本章中,暂时不考虑产品单元首次失效后的维修情况。如未明确指出,本章中产品单元/备件都是不修复件。

产品从开始工作到首次因为产品单元发生故障而不工作的时间称为失效时间或寿命(记为 T)。设产品失效时间 T 的分布函数为:

$$F(t) = P(T \leq t) \qquad t \geq 0 \qquad (2-1)$$

称 $F(t)$ 为失效分布函数(对不修复件而言,称之为寿命分布函数)。它表示产品在 t 时刻前发生失效的概率。

当产品寿命 T 为连续型随机变量时,则其寿命分布可利用失效概率密度函数(简称失效密度)来表示,即存在非负函数 $f(x)$,使得:

$$F(t) = \int_0^t f(x)\,\mathrm{d}x \qquad (2-2)$$

可靠度函数(Reliability Function,简称可靠度)是一个常用的产品可靠性指标。其定义为:产品在规定的条件和规定的时间 t 内,完成规定功能的概率,用 $R(t)$ 表示,即: $R(t) = P(T > t)$。

$R(t)$ 和 $F(t)$ 的关系为:

$$R(t) = P(T > t) = 1 - P(T \leq t) = 1 - F(t) \qquad (2-3)$$

失效率函数用于描述产品工作到一定时间后其失效的条件概率,即:已知产品已工作到时刻 t 的情况下,在时刻 t 后单位时间内发生失效的概率称为产品在时刻 t 的失效率函数(Failure Rate,简称失效率),记为 $\lambda(t)$。

若产品寿命 T 为连续型随机变量,其寿命分布为 $F(t)$、失效密度为 $f(t)$,则失效率 $\lambda(t)$ 可表示为:

$$\lambda(t) = \lim_{\Delta t \to 0} \frac{P(T \leq t + \Delta t \mid T > t)}{\Delta t} = \frac{f(t)}{1 - F(t)} = \frac{F'(t)}{1 - F(t)} = \frac{-R'(t)}{R(t)}$$

$$(2-4)$$

对于失效率 $\lambda(t)$，可以有如下的概率解释和统计解释[18]。

(1)产品失效率 $\lambda(t)$ 的概率解释。若产品工作到时刻 t 仍然正常工作，则它在 $[t, t+\Delta t]$ 中失效的概率为：

$$P(T \leqslant t + \Delta t \mid T > t) \approx \lambda(t)\Delta t \qquad (2-5)$$

因此，当 Δt 很小时，$\lambda(t)\Delta t$ 表示该产品在时刻 t 以前正常工作的条件下在 $[t, t+\Delta t]$ 中的失效概率。

(2)产品失效率 $\lambda(t)$ 的统计解释。设在 $t=0$ 时有 N 个产品开始工作，到时刻 t 有 $n(t)$ 个产品失效，还有 $N-n(t)$ 个产品能继续工作。假设在时间 $[t, t+\Delta t]$ 内有 Δn 个产品失效，则单位时间内发生失效的频率为：

$$\hat{\lambda}(t) = \frac{\Delta n/[N-n(t)]}{\Delta t} \qquad (2-6)$$

由于 $\Delta n/[N-n(t)]$ 是产品失效频率，则失效率的估计是产品失效频率的速度。

很多国防标准，例如美国的 MIL - HDBK - 27 和英国的 DEF - STAN - 00 - 40 推荐使用下式估计失效率[18]：

$$失效率 = \frac{一批样本中的故障总数}{样本的累积工作时间}$$

该式需要对产品的失效进行足够长时间的观测。

平均失效时间(Mean Time To Failure, MTTF, 或平均故障发生时间)为：

$$\mathrm{MTTF} = E(T) = \int_0^{\infty} tf(t)\mathrm{d}t \qquad (2-7)$$

由于 $f(t) = -R'(t)$，则有：

$$\mathrm{MTTF} = \int_0^{\infty} tf(t)\mathrm{d}t = -\int_0^{\infty} tR'(t)\mathrm{d}t = -[tR(t)]_0^{\infty} + \int_0^{\infty} R(t)\mathrm{d}t$$

当 MTTF $< \infty$ 时，可以得到 $[tR(t)]_0^{\infty} = 0$，此时：

$$\mathrm{MTTF} = \int_0^{\infty} R(t)\mathrm{d}t \qquad (2-8)$$

平均失效时间、平均故障间隔时间(Mean Time Between Failure, MTBF)、平均维修时间(Mean Time To Repair, MTTR)之间的关系为 MTBF = MTTF + MTTR。

当失效时间为 T 的一个产品单元在 $t=0$ 时开始工作，一直正常工作

到时间 t，那么该产品单元再正常工作 x 时间的可靠度为：

$$R(x \mid t) = P(T > x + t \mid T > t) = \frac{P(T > x + t)}{P(T > t)} = \frac{R(x + t)}{R(t)}$$

$$(2 - 9)$$

在一些情况下，人们会对从某一指定时刻 t_0 起到它发生故障为止产品能正常工作的剩余时间的期望值（也就是平均剩余寿命）感兴趣，记为 $\mathrm{MTTF}(t_0)$，它代表了一个已经使用了 t_0 的产品未来发生故障的时间的期望值[19]。

$R(x \mid t_0)$ 是当产品正常工作到 t_0 时，将在 t 时刻发生故障的条件可靠度函数。则 t_0 时刻产品单元的平均剩余寿命（Mean Residual Life，MRL）为：

$$\mathrm{MTTF}(t_0) = \int_0^\infty R(t \mid t_0)\,\mathrm{d}t = \frac{\int_{t_0}^\infty R(t)\,\mathrm{d}t}{R(t_0)} \qquad (2 - 10)$$

2.2 常见的保障效果度量指标

在备件保障工作中，首先需要选择合适的保障效果度量指标。本节重点对保障效果度量指标中的备件保障概率、使用可用度、备件利用率等展开论述，阐述它们的物理含义以及相互之间的关系。

为讨论方便，如无特殊说明，本章中所有的讨论都是针对装备使用现场的不修复件而言。在备件研究中，通常假定在装备现场对故障件进行换件维修的耗时为零。因此，在本章中不考虑备件申请/运输时间等造成的保障延误时间，假定保障延误为零。常用的保障效果度量指标如下：

（1）备件保障概率（Fill Rate，FR）：GJB4355—2002《备件供应规划要求》中对其定义为"备件保障概率是指在规定的时间内，需要备件时不缺备件的概率，亦称备件满足率。"

当备件数量为 n，保障时间为 T_w 时，保障概率的数学表达式为：

$$P(n, T_w) = P\{n_g(T_w) \leqslant n\} \qquad (2 - 11)$$

式中 $n_g(T_w)$——T_w 时间内的故障次数。

（2）平均备件保障概率（Average Spare Supportability，ASS）：即整个保障周期 T_w 时间内备件保障概率的平均值，它反映了在保障周期内任一时刻备件被满足的概率。该指标常常用于描述装备的战备完好率模型，其数学表达式为[20]：

$$\overline{P}(n, T_{\mathrm{w}}) = \frac{1}{T_{\mathrm{w}}} \int_0^{T_{\mathrm{w}}} P(n, T_{\mathrm{w}}) \mathrm{d}t \qquad (2-12)$$

（3）使用可用度 A_{o}：一般用装备正常工作时间所占的比例来表达。在实际应用中，该指标用于描述装备在规定时间内、规定条件下以及具有规定资源时能够开始执行任务的能力。在 GJB4355 中，综合考虑预防性维修用备件和修复性维修用备件影响的连续工作装备的使用可用度表达式为：

$$A_{\mathrm{o}} = \frac{T_{\mathrm{T}} - T_{\mathrm{tp}}}{T_{\mathrm{T}}} \times \frac{T_{\mathrm{BF}}}{T_{\mathrm{BF}} + \overline{M}_{\mathrm{ct}} + T_{\mathrm{LD}}} \qquad (2-13)$$

式中　　T_{T}——年最大可使用时间；

T_{tp}——年预防性维修总时间；

T_{BF}——平均故障间隔时间；

$\overline{M}_{\mathrm{ct}}$——平均修复时间；

T_{LD}——平均保障延误时间。

如果不考虑预防性维修的情况，此时连续工作装备的使用可用度表达式为：

$$A_{\mathrm{o}} = \frac{T_{\mathrm{BF}}}{T_{\mathrm{BF}} + \overline{M}_{\mathrm{ct}} + T_{\mathrm{LD}}} \qquad (2-14)$$

对一次任务而言，$A_{\mathrm{o}} = \dfrac{\text{保障任务期内的累积工作时间}}{\text{保障任务期内的计划工作时间}}$，我们把保障任务期内的计划工作时间简称为保障任务时间。

（4）备件利用率 P_{l}：备件利用率是消耗的备件数量与备件总数量之间的比例，它通常用来衡量备件方案的效率。

下面以寿命服从指数分布的不修复产品单元为例，进一步阐述上述保障指标。

某不修复产品单元的寿命 T 服从平均寿命为 μ 指数分布，记为 $T \sim \exp(\mu)$，现有 n 个备件。假定换件维修耗时忽略不计，按照以下仿真模型模拟其保障任务时间为 T_{w} 内的工作情况，在多次模拟后对上述指标进行统计分析。

仿真模型的运行流程：

1）产生 $n+1$ 个随机数 t_i，组成数组 $\mathrm{sim}T_1 = \begin{bmatrix} t_1 & t_2 & \cdots & t_{n+1} \end{bmatrix}$，$t_i$ 服从指数分布 $\exp(\mu)$；

2）计算数组 $\mathrm{sim}T_1$ 的累积和，得到数组 $\mathrm{sim}T_2 = \begin{bmatrix} t_1 & t_1+t_2 & \cdots & \sum\limits_{i=1}^{n+1} t_i \end{bmatrix}$；

3）在数组 $\mathrm{sim}T_2$ 中搜索是否存在大于等于 T_w 的数组项，如存在则将其中最小数值对应的数组项编号记为 $I_\mathrm{s}(1 \leqslant I_\mathrm{s} \leqslant n+1)$，即：$\mathrm{sim}T_2(I_\mathrm{s}) \geqslant T_\mathrm{w}$ 且 $\mathrm{sim}T_2(I_\mathrm{s}-1) < T_\mathrm{w}$，则此时：保障任务时间为 T_w 内的故障次数 $n_\mathrm{g} = I_\mathrm{s} - 1$，备件需求得到满足的次数 $n_\mathrm{gm} = n_\mathrm{g}$，产品单元的累积工作时间 $\mathrm{sim}T = T_\mathrm{w}$，保障任务成功标志 $N_\mathrm{s} = 1$；

4）如果 $\mathrm{sim}T_2$ 中不存在大于等于 T_w 的数组项，即 $\mathrm{sim}T_2(n+1) < T_\mathrm{w}$，则此时：$I_\mathrm{s} = 0$；保障任务时间为 T_w 内的故障次数 $n_\mathrm{g} = n+1$，备件需求得到满足的次数 $n_\mathrm{gm} = n$，产品单元的累积工作时间 $\mathrm{sim}T = \mathrm{sim}T_2(n+1)$，保障任务成功标志 $N_\mathrm{s} = 0$。

在完成一次模拟后，输出如下结果：

①备件满足率 $\mathrm{sim}P_\mathrm{m} = \dfrac{n_\mathrm{gm}}{n_\mathrm{g}}$，即备件需求得到满足的次数与任务期内的故障总数之间的比例。

②保障任务成功标志 $N_\mathrm{s} = \begin{cases} 1 & \mathrm{sim}T \geqslant T_\mathrm{w} \\ 0 & \mathrm{sim}T < T_\mathrm{w} \end{cases}$。

③使用可用度 $\mathrm{sim}P_\mathrm{a} = \dfrac{\mathrm{sim}T}{T_\mathrm{w}}$，即产品单元的累积工作时间与保障任务时间之间的比例。

④备件利用率 $\mathrm{sim}P_1 = \dfrac{n_\mathrm{gm}}{n}$，即消耗的备件数量与初始备件数量之间的比例。

模拟运行上述模型 $\mathrm{sim}N$ 次后，对上述结果进行统计分析，并定义保障任务成功率 $\mathrm{sim}P_\mathrm{s} = \dfrac{\sum\limits_{i=1}^{\mathrm{sim}N} N_\mathrm{s}(i)}{\mathrm{sim}N}$。

利用上述仿真模型，针对以下情况进行仿真实验。

2.2.1 备件保障概率、备件满足率和保障任务成功率之间的关系

本节对 GJB4355 中备件保障概率 $P(n, T_w)$、备件满足率 $\mathrm{sim}P_m$ 和保障任务成功率 $\mathrm{sim}P_s$ 进行比较。

例 2.2.1 某产品单元的装机数 $N=1$，其寿命服从指数分布 $\exp(\mu)$，平均寿命 $\mu=1000$，备件数量 $n=5$，保障任务时间为 T_w。计算备件保障概率 $P(n, T_w)$，模拟备件满足率 $\mathrm{sim}P_m$ 和保障任务成功率 $\mathrm{sim}P_s$。

根据 GJB4355，$P(n, T_w) = \sum_{j=0}^{n} \dfrac{(T_w/\mu)^j}{j!} \mathrm{e}^{-\frac{T_w}{\mu}}$。

表 2-1 所示为 $T_w = 500 \sim 10000$ 的仿真结果。

表 2-1 备件保障概率、备件满足率和保障任务成功率的仿真结果

保障时间 T_w	500	1000	1500	2000	2500	3000	3500	4000	4500	5000
$P(n, T_w)$	1.000	0.999	0.996	0.983	0.958	0.916	0.858	0.785	0.703	0.616
$\mathrm{sim}P_m$	1.000	1.000	0.999	0.997	0.993	0.986	0.976	0.964	0.950	0.935
$\mathrm{sim}P_s$	1.000	1.000	0.996	0.984	0.959	0.915	0.858	0.785	0.700	0.612
保障时间 T_w	5500	6000	6500	7000	7500	8000	8500	9000	9500	10000
$P(n, T_w)$	0.529	0.446	0.369	0.301	0.241	0.191	0.150	0.116	0.089	0.067
$\mathrm{sim}P_m$	0.922	0.907	0.895	0.883	0.873	0.866	0.858	0.853	0.848	0.844
$\mathrm{sim}P_s$	0.533	0.444	0.370	0.296	0.236	0.197	0.147	0.120	0.085	0.066

观察上述仿真结果发现：虽然按照 GJB4355 的定义，备件保障概率 $P(n, T_w)$ 就是"备件满足率"，但其结果并不与仿真结果中的备件满足率 $\mathrm{sim}P_m$ 相吻合。在我们的定义中，备件满足率 $\mathrm{sim}P_m$ 是得到备件满足的故障次数与任务期内的故障总数之间的比例，这是一种在实际工作中容易进行统计的定义。在实际工作中，任务期内一旦备件消耗完毕后出现故障，则产品将停止工作，此时到保障任务结束时刻 T_w 之间，将不会再产生故障。因此，备件满足率 $\mathrm{sim}P_m$ 的取值其实只有以下两种情况，一般都会高于 GJB4355 中的备件保障概率。

$$\mathrm{sim}P_m = \begin{cases} 1 & \text{故障次数不大于备件数量} \\ \dfrac{n}{n+1} & \text{故障次数大于备件数量} \end{cases}$$

由于前面定义的备件满足率 $\text{sim}P_\text{m}$，是实际工作中经常使用的一种统计量，因此确有必要弄清楚其物理含义。如果仅仅从字面上将其认为是 GJB4355 中的备件保障概率，将会出现"备件保障概率偏高"的假象。

从上述仿真结果可以发现：GJB4355 中的备件保障概率与保障任务成功率二者的结果高度一致！

在产品单元连续工作、换件维修耗时忽略不计的前提下，我们从时间的角度，将保障任务成功定义为产品工作时间 $\text{sim}T$ 不小于保障任务时间 T_w。从另一个角度看，保障任务成功也意味着所有的故障都得到了备件满足。因此，如果我们从所有故障需求能 100% 满足的角度，重新定义备件满足率 $\text{sim}\overline{P}_\text{m}$，令：

$$\text{sim}\,\overline{P}_\text{m} = \frac{N_\text{sn}}{N_\text{s}}$$

式中　N_s——备件无限供应条件下保障任务执行成功的次数；

　　　N_sn——成功执行的保障任务中故障数量不大于备件数量 n 的任务次数。

再次进行仿真实验。

例 2.2.2　某产品单元的装机数 $N=1$，其寿命服从指数分布 $\exp(\mu)$，平均寿命 $\mu=1000$，保障任务时间为 T_w。在备件无限供应条件下，模拟保障任务成功时消耗的备件数量情况，统计备件数量 $n=5$ 时的备件满足率 $\text{sim}\overline{P}_\text{m}$ 模拟值，并与备件保障概率 $P(n,T_\text{w})$ 理论计算值相比较。

表 2-2 所示为 $T_\text{w}=500\sim10000$ 的仿真结果。

表 2-2　备件满足率的仿真结果

保障时间 T_w	500	1000	1500	2000	2500	3000	3500	4000	4500	5000
$P(n,T_\text{w})$	1.000	0.999	0.996	0.983	0.958	0.916	0.858	0.785	0.703	0.616
$\text{sim}\overline{P}_\text{m}$	1.000	0.999	0.996	0.982	0.957	0.915	0.865	0.784	0.705	0.616
保障时间 T_w	5500	6000	6500	7000	7500	8000	8500	9000	9500	10000
$P(n,T_\text{w})$	0.529	0.446	0.369	0.301	0.241	0.191	0.150	0.116	0.089	0.067
$\text{sim}\overline{P}_\text{m}$	0.527	0.454	0.364	0.305	0.241	0.197	0.154	0.115	0.095	0.069

仿真结果表明：此时备件满足率 $\text{sim}\overline{P}_\text{m}$ 与 GJB4355 中的备件保障概率 $P(n,T_\text{w})$ 二者的结果是一致的。

所以，在保障延误时间为零的前提下，GJB4355 中的备件保障概率的物理含义是保障任务成功率。它对所有保障成功的任务进行统计，找出那些故障数量不大于备件数量的保障成功任务并计算其所占比例，作为100% 满足所有备件需求的概率，这才是 GJB4355 中的备件保障概率定义中"需要备件时不缺备件的概率"的真实含义。

比较 $\mathrm{sim}\overline{P}_m$、$\mathrm{sim}P_m$ 两种不同的备件满足率定义，发现 $\mathrm{sim}\overline{P}_m$ 只能针对那些保障成功的任务，而 $\mathrm{sim}P_m$ 则针对所有的任务——无论是失败还是成功的保障任务！从实际工作中保障数据收集的角度，显然 $\mathrm{sim}\overline{P}_m$ 比 $\mathrm{sim}P_m$ 在收集条件上更苛刻、在数据范围上更窄。对于一次失败的保障任务，其数据相对 GJB4355 中的备件保障概率而言，毫无意义。

2.2.2 平均备件保障概率与使用可用度之间的关系

本节对平均备件保障概率 $\overline{P}(n, T_w)$ 与使用可用度 $\mathrm{sim}P_a$ 进行比较。

平均备件保障概率是整个保障周期 T_w 时间内保障概率的平均值，它反映了在保障周期内任一时刻备件被满足的概率。那么，它的物理含义是什么？

利用上述仿真模型进行仿真实验。

例2.2.3 某产品单元的装机数 $N=1$，其寿命服从指数分布 $\exp(\mu)$，平均寿命 $\mu=1000$，备件数量 $n=5$，保障任务时间为 T_w。计算平均备件保障概率 $\overline{P}(n, T_w)$，模拟使用可用度 $\mathrm{sim}P_a$。

平均备件保障概率计算方法：$\overline{P}(n, T_w) = \dfrac{1}{T_w}\int_0^{T_w} P(n, T_w)\,\mathrm{d}t$。

表 2-3 所示为 $T_w = 500 \sim 10000$ 的仿真结果。

表 2-3 使用可用度的仿真结果

保障时间 T_w	500	1000	1500	2000	2500	3000	3500	4000	4500	5000
$\overline{P}(n, T_w)$	1.000	1.000	0.999	0.997	0.992	0.983	0.970	0.951	0.928	0.901
$\mathrm{sim}P_a$	1.000	1.000	0.999	0.997	0.992	0.982	0.970	0.951	0.928	0.900
保障时间 T_w	5500	6000	6500	7000	7500	8000	8500	9000	9500	10000
$\overline{P}(n, T_w)$	0.871	0.839	0.806	0.772	0.739	0.706	0.675	0.645	0.616	0.589
$\mathrm{sim}P_a$	0.873	0.841	0.808	0.774	0.736	0.709	0.676	0.645	0.616	0.588

仿真结果表明：在换件维修时间忽略不计的情况下，平均备件保障概率 $\overline{P}(n, T_{\text{w}})$ 就是使用可用度 $\text{sim}P_{\text{a}}$。那么，能否在理论上证明呢？

我们先对无备件的情况（即 $n=0$）进行证明。

假定某不修复产品单元寿命服从某种分布，寿命分布函数记为 $F(t)$，其概率密度函数记为 $f(t)$，记其寿命为 t；在保障任务时间 T_{w} 内，其累积工作时间记为 T，则有：

$$T = \begin{cases} t & t \leqslant T_{\text{w}} \\ T_{\text{w}} & t > T_{\text{w}} \end{cases}$$

则累积工作时间 T 的数学期望 $E(T)$ 为：

$$E(T) = \int_0^{T_{\text{w}}} tP(t) + T_{\text{w}}P(t > T_{\text{w}})$$

根据前述寿命分布函数、可靠度函数的定义，有：

$$\begin{aligned} E(T) &= \int_0^{T_{\text{w}}} tP(t) + T_{\text{w}}P(t > T_{\text{w}}) \\ &= \int_0^{T_{\text{w}}} t\mathrm{d}F(t) + T_{\text{w}}R(T_{\text{w}}) \\ &= tF(t)\Big|_0^{T_{\text{w}}} - \int_0^{T_{\text{w}}} F(t)\mathrm{d}t + T_{\text{w}}R(T_{\text{w}}) \\ &= T_{\text{w}}F(T_{\text{w}}) - \int_0^{T_{\text{w}}} F(t)\mathrm{d}t + T_{\text{w}}(1 - F(T_{\text{w}})) \\ &= T_{\text{w}} - \int_0^{T_{\text{w}}} F(t)\mathrm{d}t = \int_0^{T_{\text{w}}} (1 - F(t))\mathrm{d}t \\ &= \int_0^{T_{\text{w}}} R(t)\mathrm{d}t \end{aligned} \qquad (2-15)$$

前面的仿真结果已经表明：备件保障概率 $P(n, t)$ 的物理含义就是保障任务成功率，而 $t \geqslant T_{\text{w}}$ 意味着保障任务成功，保障任务成功率也就意味着 $P(t > T_{\text{w}})$，根据可靠度函数定义 $R(t) = P(T > t)$，则有 $E(T) = \int_0^{T_{\text{w}}} R(t)\mathrm{d}t = \int_0^{T_{\text{w}}} P(n,t)\mathrm{d}t, n = 0$。

上述证明过程与寿命分布函数 $F(t)$ 的形式无关。

当产品单元有 n 件备件时，记这 $(1+n)$ 个单元的寿命分别为 t_1，t_2，$\cdots$，t_{n+1}。令 $t_0 = t_1 + t_2 + \cdots + t_{n+1} = \sum_{i=1}^{n+1} t_i$，则该产品在保障任务时间

T_w 内，其累积工作时间 T 为：

$$T = \begin{cases} t_0 & t_0 \leqslant T_w \\ T_w & t_0 > T_w \end{cases}$$

此时 t_0 的概率密度函数不再是 $f(t)$，可根据以下定理来得到：

定理 2 – 1　设 X 与 Y 是两个相互独立的连续随机变量，其密度函数分别是 $P_X(x)$ 和 $P_Y(y)$，则其和 $Z = X + Y$ 的密度函数为：

$$P_Z(z) = \int_{-\infty}^{\infty} P_X(z - y)P_Y(y)\mathrm{d}y = \int_{-\infty}^{\infty} P_X(x)P_Y(z - y)\mathrm{d}x$$

该定理的证明[21]详见《概率论与数理统计教程》（茆诗松等编著，高等教育出版社，2010 年版）。该定理也是连续场合下的卷积公式。

从该定理可以看出：不修复产品单元的换件维修，在数学上对应的内容就是卷积！

在得到 t_0 的概率密度函数，进而得到其寿命分布函数后，就可把这 $(1 + n)$ 个单元看成无备件条件下一个新的不修复单元，进而再次得到 $E(T) = \int_0^{T_w} R(t)\mathrm{d}t = \int_0^{T_w} P(n,t)\mathrm{d}t$。

因此，使用可用度 $simP_a = \dfrac{E(T)}{T_w} = \dfrac{\int_0^{T_w} P(n,t)\mathrm{d}t}{T_w} = \overline{P}(n, T_w)$。证毕。

2.2.3　保障任务成功率与使用可用度之间的关系

本节对保障任务成功率 $simP_s$ 与使用可用度 $simP_a$ 进行比较。

从前面的论述中，我们得到：备件保障概率与保障任务成功率等效，平均备件保障概率与使用可用度等效的结论。单纯从字面上来看，"保障任务成功率"比"备件保障概率"、"使用可用度"比"平均备件保障概率"传递出来的物理含义更清晰、直观、具体。

对保障任务成功率而言，任务的保障效果只有失败和成功两种情况。这种以 0、1 方式描述保障效果的方法，在很多时候不免过于粗略，它不能区分任务刚开始就保障失败、任务快结束才保障失败等失败的情况，而这两种失败其实并不一样——前者必须避免、后者可以接受。

　　使用可用度则使用[0，1]区间来描述保障效果，能很好地描述任务刚开始就保障失败、任务快结束才保障失败等失败的情况，能更为仔细、详尽地描述不同保障效果之间的差异程度。

　　保障任务成功率就好比学生考100分的概率，使用可用度则类似学生考试平均分的情况（平均分除以100）。显然，考试平均分能对众多学生的学习程度进行更为详尽的描述、更为明确的区分。

　　在保障工作中，大致有两类人员：一类是备件方案规划人员，他们主要关心其提供的某一数量备件在装备发生故障时的应对程度，或者说备件需求被满足的程度，因此"备件保障概率"概念比"使用可用度"能更好地满足备件方案规划人员的关注需求。另一类是装备使用人员，他们更关心装备能正常工作的程度，也就是类似使用可用度这种战备完好性指标，因此"使用可用度"概念比"备件保障概率"能更好地满足装备使用人员的关注需求。

　　此外，由于"备件保障概率"与"保障任务成功率"等效，因此其能回答保障任务期内装备100%工作的概率有多高的问题，也就部分回答了装备使用人员关注的装备能正常工作的程度问题。从这个意义来说，"备件保障概率"概念能同时满足备件方案规划人员和装备使用人员的关注需求。

　　例2.2.4　某装机数为1的产品单元寿命服从指数分布 $T \sim \exp(1000)$，备件数量 $n = 5$，分别采用模拟方法、解析方法计算保障任务时间 T_w 内的保障任务成功率和使用可用度。

　　模拟方法采用前述的仿真模型。

　　保障任务成功率 $\text{sim}P_\text{s}$ 的解析计算式如下：

$$\text{sim}P_\text{s} = P(n, T_\text{w}) = \sum_{j=0}^{n} \frac{(T_\text{w}/\mu)^j}{j!} \text{e}^{-\frac{T_\text{w}}{\mu}} \qquad (2-16)$$

　　使用可用度 $\text{sim}P_\text{a}$ 的解析计算式如下：

$$\text{sim}P_\text{a} = \overline{P}(n, T_\text{w}) = \frac{1}{T_\text{w}} \int_0^{T_\text{w}} P(n, T_\text{w}) \text{d}t \qquad (2-17)$$

　　表2-4所示为 $T_\text{w} = 500 \sim 10000$ 的仿真结果。

表 2 - 4 保障任务成功率、使用可用度的解析结果和仿真结果

保障时间 T_w	500	1000	1500	2000	2500	3000	3500	4000	4500	5000
解析：保障任务成功率	1.000	0.999	0.996	0.983	0.958	0.916	0.858	0.785	0.703	0.616
模拟：保障任务成功率	1.000	1.000	0.995	0.984	0.960	0.920	0.857	0.790	0.708	0.622
解析：使用可用度	1.000	1.000	0.999	0.997	0.992	0.983	0.970	0.951	0.928	0.901
模拟（均值）：使用可用度	1.000	1.000	0.999	0.997	0.993	0.984	0.970	0.952	0.931	0.904
模拟（根方差）：使用可用度	0.000	0.002	0.016	0.030	0.045	0.070	0.096	0.121	0.141	0.164
保障时间 T_w	5500	6000	6500	7000	7500	8000	8500	9000	9500	10000
解析：保障任务成功率	0.529	0.446	0.369	0.301	0.241	0.191	0.150	0.116	0.089	0.067
模拟：保障任务成功率	0.527	0.438	0.372	0.305	0.246	0.195	0.149	0.116	0.091	0.068
解析：使用可用度	0.871	0.839	0.806	0.772	0.739	0.706	0.675	0.645	0.616	0.589
模拟（均值）：使用可用度	0.867	0.836	0.807	0.776	0.741	0.707	0.676	0.644	0.616	0.590
模拟（根方差）：使用可用度	0.190	0.202	0.212	0.216	0.225	0.227	0.227	0.226	0.223	0.218

图 2 - 1 显示了随着 T_w 增大（从 500 到 10000），对应的保障任务成功率和使用可用度的变化情况。图 2 - 1 表明：

（1）保障任务成功率和使用可用度有着相同的变化趋势；

（2）随着保障时间的增大，保障任务成功率急速下降，使用可用度缓慢下降。

在保障时间为 4000 时，保障任务成功率约为 0.8，使用可用度高达 0.95；在保障时间为 7000 时，保障任务成功率低到 0.3，使用可用度仍

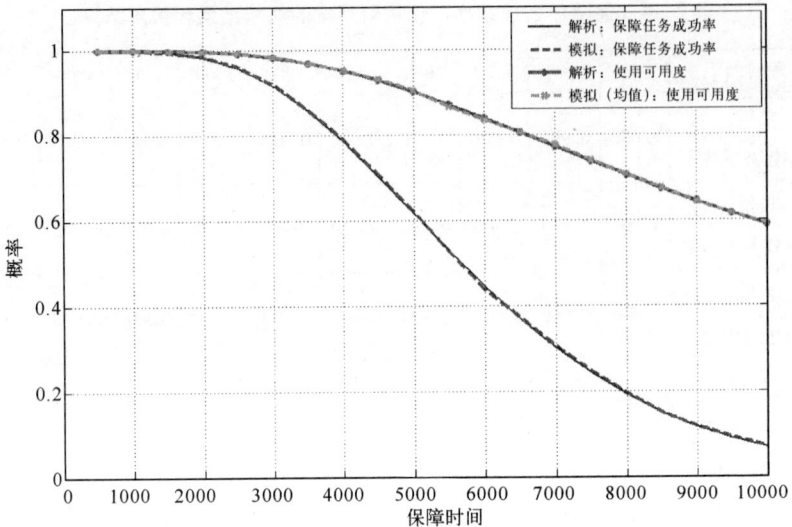

图 2－1 保障任务成功率、使用可用度的解析结果和仿真结果

然接近 0.8。在相同的保障任务时间从 4000 到 7000 的变化幅度下，保障任务成功率的变化幅度为 0.5，使用可用度的变化幅度为 0.15。从控制的角度，当控制参数变化时，有时不希望状态变量急剧变化，状态变量最好能缓慢变化，从而能更为精细地选定控制参数。从这个角度来说，使用可用度相比保障任务成功率，是一种能更好显示控制效果的度量指标。

仔细观察上述仿真结果数据发现：无论是保障任务成功率还是使用可用度，解析法和模拟法二者的结果高度一致。

对于模拟法，除统计了使用可用度的均值，为了更全面地获得认识，还同时统计了其根方差。结果发现，如果同时使用可用度的均值和根方差，例如保障时间为 4500 时，使用可用度的（均值，根方差）为（0.931，0.141）。均值为 0.931 的使用可用度使我们对其保障效果很有信心，但根方差为 0.141 却让我们对 0.931 没有信心。为此，借助保障任务成功率的概念，计算使用可用度的可靠度，以帮助我们摆脱面对使用可用度的均值和根方差时无所适从的局面。

"使用可用度的可靠度（记为 P_{as}）"是指保障效果达到某种使用可用度数值的概率。以上述数据为例，保障时间为 4500 时，使用可用度的（均值，根方差）为（0.931，0.141），则其平均使用时间为 $4190 \approx 4500 \times 0.931$，计算保障任务时间为 $T_w = 4190$ 的保障任务成功率 $P(5,4190)$ 作为使用可用度 0.931 的可靠度。

表 2-5 所示为在表 2-4 基础上增加"使用可用度的可靠度"（模拟法和解析法）的结果。

表 2-5 "使用可用度的可靠度"的仿真结果和解析结果

保障时间 T_w	500	1000	1500	2000	2500	3000	3500	4000	4500	5000
解析：使用可用度	1.000	1.000	0.999	0.997	0.992	0.983	0.970	0.951	0.928	0.901
模拟（均值）：使用可用度	1.000	1.000	0.999	0.997	0.993	0.984	0.970	0.952	0.931	0.904
模拟（根方差）：使用可用度	0.000	0.002	0.016	0.030	0.045	0.070	0.096	0.121	0.141	0.164
解析：P_{as}	1.000	0.999	0.996	0.984	0.959	0.921	0.871	0.815	0.757	0.702
模拟：P_{as}	1.000	1.000	0.995	0.984	0.962	0.925	0.871	0.820	0.760	0.708
保障时间 T_w	5500	6000	6500	7000	7500	8000	8500	9000	9500	10000
解析：使用可用度	0.871	0.839	0.806	0.772	0.739	0.706	0.675	0.645	0.616	0.589
模拟（均值）：使用可用度	0.867	0.836	0.807	0.776	0.741	0.707	0.676	0.644	0.616	0.590
模拟（根方差）：使用可用度	0.190	0.202	0.212	0.216	0.225	0.227	0.227	0.226	0.223	0.218
解析：P_{as}	0.652	0.610	0.574	0.545	0.522	0.503	0.489	0.478	0.470	0.464
模拟：P_{as}	0.647	0.603	0.574	0.546	0.527	0.508	0.490	0.474	0.467	0.463

相比使用可用度（均值 0.931，根方差 0.141），使用可用度（均值 0.931，可靠度 0.757）能让备件方案制定人员对该备件数量对应的保障效果有更清晰的估计。

2.2.4 备件利用率与使用可用度之间的关系

备件利用率是保障任务期间已消耗备件数量与初始备件数量的比值，它是评估备件方案效益的一项指标。

在装备列装时，随同装备交付的还有初始备件。显然，备件的品种越多、数量越高，装备的使用可用度越高。为了制约装备制造方要求装备使用方采购尽可能多品种、数量备件的"冲动"，迫使装备制造方制定更科学、更经济的初始备件方案，装备使用方一般会对初始备件方案同时提出保障概率(或使用可用度)和备件利用率这两种指标要求。保障概率(或使用可用度)指标关注备件方案的保障效果，备件利用率指标关注备件方案的经济性。那么，随着备件数量的增大，备件利用率的变化趋势到底如何？对某一具体的产品，保障概率(或使用可用度)和备件利用率这两种指标分别取何种数值，更科学、合理、可行？

由于保障任务成功率和使用可用度有着一样的变化趋势，因此以例2.2.5 采用使用可用度指标来探讨上述问题。

例 2.2.5 某装机数为 1 的产品单元寿命服从指数分布 $T \sim \exp(\mu)$，备件数量为 n，采用模拟方法计算保障任务时间 T_w 内的使用可用度和备件利用率。

模拟方法采用前述的仿真模型，备件利用率的模拟结果记为 $\mathrm{sim}P_1$。

令：$\mu = 1000$，$n = 1 \sim 20$，$T_w = 10000$，仿真结果如图 2-2 所示。

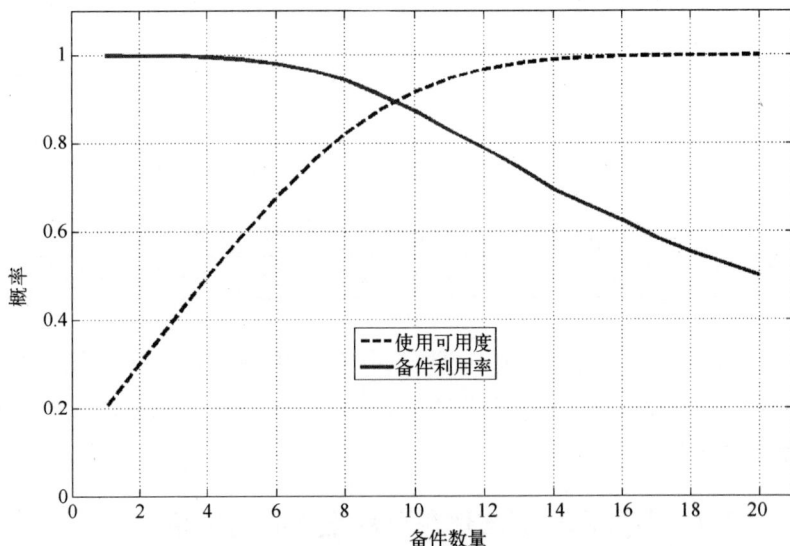

图 2-2 使用可用度和备件利用率的仿真结果

图2-2显示：在保障时间 T_w 不变的情况下，随着备件数量 n 的增大，使用可用度和备件利用率有着截然相反的变化趋势。使用可用度随着备件数量 n 的增大逐步增大；备件利用率随着备件数量 n 的增大逐步减小。当使用可用度较小时，备件处于"不够用"的饥渴状态，此时备件利用率也就很高。当使用可用度较高时，备件可能处于"备而不用"的等待状态，此时备件利用率也就较低。

以上例子中，保障任务时间是产品单元平均寿命的 10 倍。在实际装备中，有些单元具有极高的可靠性，在其整个寿命周期内都不大可能出故障。为此，令：$\mu = 10000$，$n = 1 \sim 5$，$T_w = 10000$，用来模拟任务时间与产品寿命周期相当的高可靠性单元，仿真结果如图 2-3 所示。

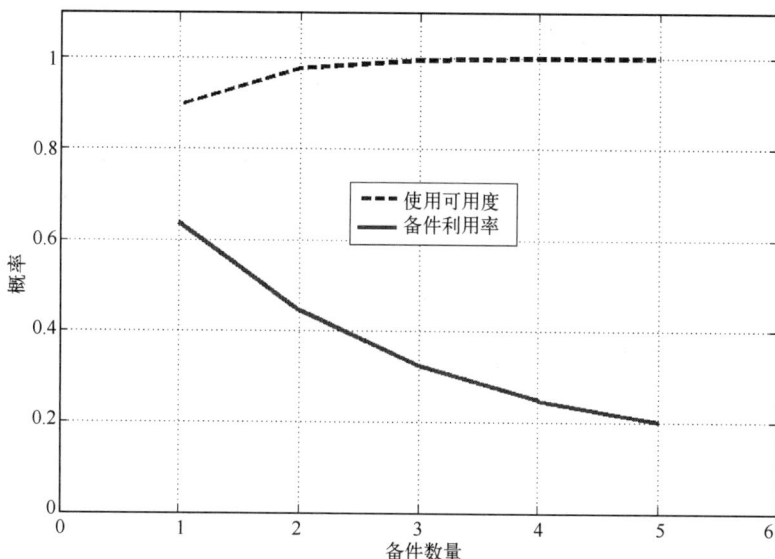

图 2-3　高可靠性单元的使用可用度和备件利用率的仿真结果

对于那些高可靠性的产品单元，尽管任务期内失效的可能性很小，但由于极为关键或生产周期过长等原因而不能承受失效发生时无备件可用的结果，因此必须有备件。

图 2-3 表明：此时，这种高可靠性产品单元哪怕备件量小到 $n = 1$，其备件利用率也较低。以上结果还是在任务时间与产品寿命周期相当的条件下的结果。可以想象，如果任务时间仅为产品寿命的 $\dfrac{1}{X}$，其备件利用率

就更低了。

那么，能否估计备件利用率呢？

观察备件利用率 $\mathrm{sim}P_1$ 的表达式：$\mathrm{sim}P_1 = \dfrac{n_{\mathrm{gm}}}{n}$，其是消耗的备件数量与初始备件数量之间的比例。当备件方案一旦确定下来，初始备件数量 n 也就确定下来，成为常量。如果想求取备件利用率的数学期望，则需要知道所消耗备件数量的数学期望。对于寿命服从指数分布的单元而言，可利用平均故障次数来估计所消耗备件数量的数学期望。为此，我们以式（2-18）来估计备件利用率 $\mathrm{sim}P_1$：

$$\hat{P}_1 = \min\left(1, \frac{T_{\mathrm{w}}/\mu}{n}\right) \qquad (2-18)$$

式中　T_{w}/μ——保障任务时间与产品单元平均寿命（指数分布的平均寿命为 μ）的比例，其物理含义为任务期间内的平均故障次数。

图 2-4 所示为 $\mu = 1000$，$n = 1 \sim 20$，$T_{\mathrm{w}} = 10000$ 的模拟结果。

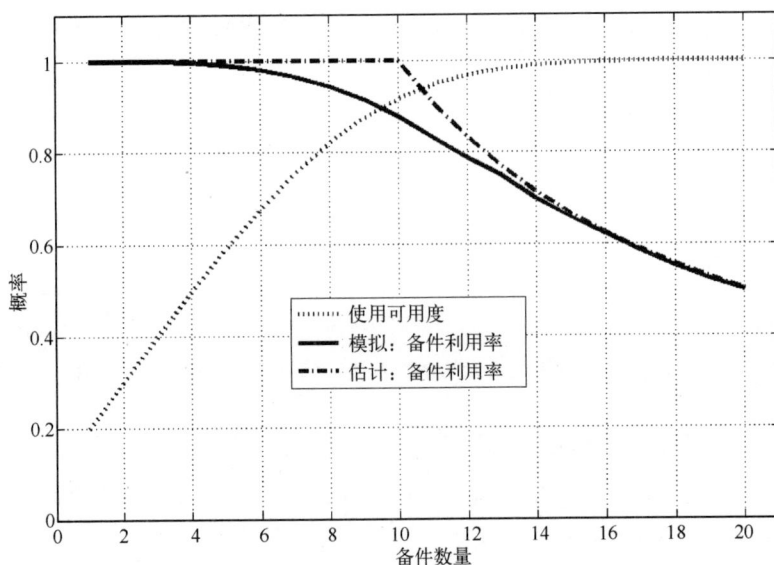

图 2-4　备件利用率的模拟和估计结果

详细仿真结果如表 2-6 所示。

表2-6 备件利用率的模拟和估计结果

备件数量	1	2	3	4	5	6	7	8	9	10
使用可用度	0.200	0.300	0.399	0.496	0.589	0.676	0.754	0.821	0.875	0.917
模拟：备件利用率	1.000	1.000	0.999	0.997	0.991	0.981	0.966	0.943	0.916	0.878
估计：备件利用率	1.000	1.000	1.000	1.000	1.000	1.000	1.000	1.000	1.000	1.000
备件数量	11	12	13	14	15	16	17	18	19	20
使用可用度	0.947	0.968	0.981	0.990	0.995	0.997	0.999	0.999	1.000	1.000
模拟：备件利用率	0.833	0.789	0.748	0.699	0.658	0.621	0.586	0.552	0.524	0.498
估计：备件利用率	0.909	0.833	0.769	0.714	0.667	0.625	0.588	0.556	0.526	0.500

仿真结果表明：总体上，备件利用率估计$\hat{P_1}$与备件利用率模拟值有着较好的一致性，足以用于备件利用程度的定性分析；在使用可用度很高或较低时，备件利用率估计$\hat{P_1}$与备件利用率模拟值误差很小，能用于定量分析。在实际工作中，我们更为关心使用可用度较高的情况。

从备件利用率估计式$\hat{P_1} = \min(1, \dfrac{T_w/\mu}{n})$可以看出，产品的可靠性属性(例如寿命分布规律)、保障任务时间T_w、备件数量n是决定备件利用率的影响因素；它们同时也是决定使用可用度的影响因素。因此，备件利用率和使用可用度之间不是相互"独立"的关系，而是存在着某种"联动"关系。如图2-4所示，这种"联动"关系在备件数量增大时，表现为使用可用度随之增大、备件利用率随之减小的变化趋势。那种备件方案"使用可用度不低于0.9，备件利用率不低于0.9"的保障要求，可能并不切合实际。

综上所述，我们可以认为：

(1)备件利用率和使用可用度之间不是相互"独立"的关系。在提出"使用可用度不低于P_1，备件利用率不低于P_2"的保障要求时，需要综合考虑产品的可靠性属性、保障任务时间、备件数量等多种因素，可利用备件利用率估计式等解析计算使用可用度、备件利用率，根据二者的变化趋势，选择合理、可行的使用可用度指标和备件利用率指标。

（2）在使用备件利用率指标时，需要根据产品单元的可靠性程度区别对待。对于那些在保障任务期间，消耗量较大、可靠性相对较差的单元，适合采用备件利用率指标来评估备件方案的经济效益。对那些在保障任务期间，消耗量极小、可靠性相对很高的单元，通过备件利用率指标来要求备件方案有较高的经济效益则有失公允——这种产品除非不配备件，否则即便备件数量很少，其备件利用率也必然不高。此时，这种高可靠性产品备件数量的确定，可能主要取决于能否接受备件保障失败后的严重后果。

2.3　指数分布

指数分布是一种最基本、最常用的寿命分布。一般来说，正常使用的电子零部件其寿命都服从指数分布，如：印刷电路板插件、电子部件、电阻、电容、集成电路等。我们把寿命服从指数分布的产品单元，简称为指数产品单元。

指数分布的概率密度函数为：

$$f(t) = \frac{1}{\mu} e^{\frac{-t}{\mu}} \tag{2-19}$$

记为 $T \sim \exp(\mu)$。

其平均失效时间（T 的均值）为：

$$\mathrm{MTTF} = \int_0^\infty R(t)\,\mathrm{d}t = \int_0^\infty e^{\frac{-t}{\mu}}\,\mathrm{d}t = \mu \tag{2-20}$$

T 的方差为：

$$\mathrm{Var}(T) = \mu^2 \tag{2-21}$$

寿命服从指数分布的产品可靠度为：

$$R(t) = P(T > t) = \int_t^\infty f(y)\,\mathrm{d}y = \int_t^\infty \frac{1}{\mu} e^{\frac{-y}{\mu}}\,\mathrm{d}y = e^{\frac{-t}{\mu}} \tag{2-22}$$

失效率函数 $\lambda(t)$ 为：

$$\lambda(t) = \frac{f(t)}{1 - F(t)} = \frac{\frac{1}{\mu} e^{\frac{-t}{\mu}}}{e^{\frac{-t}{\mu}}} = \frac{1}{\mu} \tag{2-23}$$

即：指数产品单元的失效率是一个和失效时间无关的常数。

其条件可靠度函数为：

$$R(x \mid t) = P(T > x + t \mid T > t) = \frac{P(T > x + t)}{P(T > t)} = \frac{R(x + t)}{R(t)}$$

$$= \frac{e^{\frac{-(x+t)}{\mu}}}{e^{\frac{-t}{\mu}}} = e^{\frac{-x}{\mu}} = P(T > x) = R(x) \qquad (2-24)$$

式（2-24）表明：指数产品单元在使用一段时间后的失效率和新的完全一样，可以理解为指数产品单元具有"使用如新"、"无记忆性"的特性。因此，对于指数产品单元，其在时间区间 $[t, t+x]$ 内发生的平均故障次数与起点 t 无关，仅与区间长度 x 有关。在任务时间 T_w 内，其平均故障次数 n_{gm} 为：

$$n_{gm} = \frac{T_w}{\mu} \qquad (2-25)$$

在初次从事制定备件方案工作时，人们常常认为备件需求量 n 就等于平均故障次数 n_{gm}。那么，"有多少次故障，就准备多少数量备件"的备件需求量计算思路是否正确？

以下为计算指数产品单元备件需求量时用到的基本计算式[16]：

$$P(n, T_w) = \sum_{j=0}^{n} \frac{(T_w/\mu)^j}{j!} e^{-\frac{T_w}{\mu}} \qquad (2-26)$$

备件需求量计算过程一般为：将 n 从 0 开始逐步递增，计算对应的备件保障概率 $P(n, T_w)$，当首次出现 $P(n, T_w)$ 不小于保障概率要求 P 时，其对应的 n 即为备件需求量。因此，与平均故障次数相比，影响备件需求量的因素，除了保障时间 T_w 和平均寿命 μ 外，还多了保障概率要求。因此，备件需求量 n 反映了备件需求能被满足的信心程度。这是备件需求量和平均故障次数最大的不同。

例 2.3.1 假定某产品单元寿命服从指数分布 $\exp(\mu)$，备件数量为 n，保障任务期间分为两个阶段，第一任务阶段该产品的计划工作时间为 T_{w1}，第二任务阶段该产品的计划工作时间为 T_{w2}，请估计这两个阶段各自的使用可用度，并仿真验证结果。

第一任务阶段使用可用度 $P_{a1} = \overline{P}(n, T_{w1}) = \frac{1}{T_{w1}} \int_0^{T_{w1}} P(n, T_{w1}) \mathrm{d}t$。

第二任务阶段使用可用度估计方法 1：

由于第一任务阶段的平均故障次数 $n_{gm1} = \frac{T_{w1}}{\mu}$，因此第二任务阶段开始时其可用的备件数量 n_2 估计为：$\hat{n}_2 = \max(0, n - n_{gm1})$，第二任务阶段的

使用可用度 $P_{a21} = \overline{P}(\hat{n}_2, T_{w2}) = \dfrac{1}{T_{w2}} \displaystyle\int_0^{T_{w2}} P(\hat{n}_2, T_{w2}) \mathrm{d}t$。

第二任务阶段使用可用度估计方法 2：

首先计算该产品在整个任务期间的总可用时间 T_a、第一任务阶段的可用时间 T_{a1}：

$$T_a = \int_0^{T_{w1}+T_{w2}} P(n, T_{w1} + T_{w2}) \mathrm{d}t$$

$$T_{a1} = P_{a1} T_{w1}$$

则第二任务阶段该产品的可用时间 T_{a2}、使用可用度 P_{a22}：

$$T_{a2} = T_a - T_{a1} = T_a - \overline{P}_1 T_{w1}$$

$$P_{a22} = \frac{T_{a2}}{T_{w2}} = \frac{T_a - \overline{P}_1 T_{w1}}{T_{w2}}$$

仿真模型与 2.2 节的类似，第一任务阶段使用可用度模拟结果记为 $\mathrm{sim}P_{a1}$，第二任务阶段使用可用度模拟结果记为 $\mathrm{sim}P_{a2}$。

令 $\mu = 1000$，$n = 5$，$T_{w1} = 1000 \sim 10000$，$T_{w2} = 1000 \sim 10000$，结果如表 2-7 所示。

表 2-7　各任务阶段使用可用度的模拟结果和估计结果

T_{w1}	T_{w2}	P_{a1}	$\mathrm{sim}P_{a1}$	P_{a21}	P_{a22}	$\mathrm{sim}P_{a2}$
1000	1000	1.000	1.000	0.999	0.994	0.995
1000	2000	1.000	1.000	0.989	0.975	0.977
1000	3000	1.000	1.000	0.955	0.935	0.934
1000	4000	1.000	1.000	0.897	0.877	0.876
1000	5000	1.000	1.000	0.825	0.807	0.808
1000	6000	1.000	1.000	0.747	0.734	0.738
1000	7000	1.000	1.000	0.672	0.664	0.667
1000	8000	1.000	1.000	0.605	0.600	0.603
1000	9000	1.000	1.000	0.546	0.543	0.546
1000	10000	1.000	1.000	0.496	0.494	0.493
2000	1000	0.997	0.997	0.996	0.955	0.954
2000	2000	0.997	0.996	0.962	0.905	0.900
2000	3000	0.997	0.997	0.894	0.838	0.839

续表

T_{w1}	T_{w2}	P_{a1}	$simP_{a1}$	P_{a21}	P_{a22}	$simP_{a2}$
2000	4000	0.997	0.998	0.805	0.761	0.761
2000	5000	0.997	0.997	0.713	0.683	0.681
2000	6000	0.997	0.997	0.628	0.609	0.609
2000	7000	0.997	0.997	0.554	0.544	0.543
2000	8000	0.997	0.997	0.493	0.487	0.490
2000	9000	0.997	0.997	0.441	0.439	0.436
2000	10000	0.997	0.997	0.399	0.398	0.398
3000	1000	0.983	0.983	0.977	0.855	0.856
3000	2000	0.983	0.984	0.891	0.779	0.779
3000	3000	0.983	0.984	0.776	0.696	0.700
3000	4000	0.983	0.983	0.663	0.614	0.615
3000	5000	0.983	0.982	0.566	0.540	0.536
3000	6000	0.983	0.982	0.486	0.475	0.473
3000	7000	0.983	0.984	0.423	0.420	0.426
3000	8000	0.983	0.982	0.373	0.374	0.370
3000	9000	0.983	0.982	0.332	0.336	0.334
3000	10000	0.983	0.983	0.300	0.303	0.308
4000	1000	0.951	0.952	0.896	0.702	0.707
4000	2000	0.951	0.953	0.729	0.616	0.616
4000	3000	0.951	0.953	0.584	0.534	0.537
4000	4000	0.951	0.951	0.473	0.461	0.460
4000	5000	0.951	0.953	0.391	0.399	0.403
4000	6000	0.951	0.952	0.330	0.348	0.348
4000	7000	0.951	0.951	0.285	0.305	0.304
4000	8000	0.951	0.950	0.250	0.271	0.273
4000	9000	0.951	0.952	0.222	0.242	0.246
4000	10000	0.951	0.950	0.200	0.219	0.213
5000	1000	0.901	0.899	0.632	0.530	0.524
5000	2000	0.901	0.899	0.432	0.450	0.450
5000	3000	0.901	0.901	0.317	0.381	0.380
5000	4000	0.901	0.900	0.245	0.323	0.320

T_{w1}	T_{w2}	P_{a1}	$\text{sim}P_{a1}$	P_{a21}	P_{a22}	$\text{sim}P_{a2}$
5000	5000	0.901	0.903	0.199	0.277	0.276
5000	6000	0.901	0.900	0.166	0.239	0.242
5000	7000	0.901	0.901	0.143	0.209	0.208
5000	8000	0.901	0.900	0.125	0.185	0.185
5000	9000	0.901	0.902	0.111	0.165	0.170
5000	10000	0.901	0.901	0.100	0.149	0.144
6000	1000	0.839	0.840	0.000	0.370	0.373
6000	2000	0.839	0.841	0.000	0.307	0.307
6000	3000	0.839	0.840	0.000	0.255	0.253
6000	4000	0.839	0.842	0.000	0.213	0.217
6000	5000	0.839	0.838	0.000	0.181	0.175
6000	6000	0.839	0.842	0.000	0.155	0.156
6000	7000	0.839	0.843	0.000	0.135	0.137
6000	8000	0.839	0.840	0.000	0.119	0.119
6000	9000	0.839	0.842	0.000	0.107	0.110
6000	10000	0.839	0.837	0.000	0.096	0.094
7000	1000	0.772	0.772	0.000	0.243	0.248
7000	2000	0.772	0.771	0.000	0.197	0.201
7000	3000	0.772	0.772	0.000	0.161	0.156
7000	4000	0.772	0.770	0.000	0.134	0.127
7000	5000	0.772	0.770	0.000	0.112	0.109
7000	6000	0.772	0.770	0.000	0.096	0.094
7000	7000	0.772	0.774	0.000	0.084	0.081
7000	8000	0.772	0.771	0.000	0.074	0.075
7000	9000	0.772	0.776	0.000	0.066	0.068
7000	10000	0.772	0.769	0.000	0.059	0.057
8000	1000	0.706	0.703	0.000	0.151	0.149
8000	2000	0.706	0.704	0.000	0.120	0.120
8000	3000	0.706	0.707	0.000	0.097	0.096
8000	4000	0.706	0.707	0.000	0.080	0.081
8000	5000	0.706	0.707	0.000	0.067	0.065

续表

T_{w1}	T_{w2}	P_{a1}	$simP_{a1}$	P_{a21}	P_{a22}	$simP_{a2}$
8000	6000	0.706	0.709	0.000	0.057	0.057
8000	7000	0.706	0.705	0.000	0.049	0.050
8000	8000	0.706	0.708	0.000	0.044	0.043
8000	9000	0.706	0.709	0.000	0.039	0.038
8000	10000	0.706	0.703	0.000	0.035	0.035
9000	1000	0.645	0.645	0.000	0.089	0.093
9000	2000	0.645	0.647	0.000	0.070	0.071
9000	3000	0.645	0.646	0.000	0.056	0.058
9000	4000	0.645	0.642	0.000	0.046	0.044
9000	5000	0.645	0.644	0.000	0.038	0.037
9000	6000	0.645	0.647	0.000	0.033	0.035
9000	7000	0.645	0.647	0.000	0.028	0.030
9000	8000	0.645	0.648	0.000	0.025	0.026
9000	9000	0.645	0.648	0.000	0.022	0.023
9000	10000	0.645	0.644	0.000	0.020	0.021
10000	1000	0.589	0.590	0.000	0.051	0.050
10000	2000	0.589	0.590	0.000	0.040	0.039
10000	3000	0.589	0.589	0.000	0.031	0.031
10000	4000	0.589	0.593	0.000	0.026	0.028
10000	5000	0.589	0.588	0.000	0.021	0.022
10000	6000	0.589	0.585	0.000	0.018	0.017
10000	7000	0.589	0.591	0.000	0.016	0.015
10000	8000	0.589	0.588	0.000	0.014	0.013
10000	9000	0.589	0.588	0.000	0.012	0.012
10000	10000	0.589	0.589	0.000	0.011	0.011

大量仿真结果表明：

（1）对第一任务阶段使用可用度的估计准确度总是很高。

（2）第二任务阶段使用度的估计方法1：尽管可以较准确地估计出其备件数量均值 n_2，但不能直接用于计算使用可用度均值 P_{a21}。记每次仿真时其可用备件数量为 n_{2j}、使用可用度为 P_{2j}、仿真次数为 $simN$，即：

$$n_2 = \frac{\sum\limits_{j=1}^{simN} n_{2j}}{simN},$$

$$P_{a21} = \overline{P}(n_2, T_{w2})$$

$$P_{a2} = \frac{\sum\limits_{j=1}^{simN} P_{2j}}{simN}$$

$$P_{a2} \neq P_{a21} \tag{2-27}$$

(3)第二任务阶段使用度的估计方法 2：其结果与模拟结果高度一致。该方法反映了多任务阶段的特点：产品(含备件)的总平均使用时间在某种程度上来说是一定的、确定的；已有备件总是优先、尽可能满足当前任务阶段，后续任务阶段只能利用剩余备件、剩余使用时间。可以想象：当第一阶段的使用可用度不为"1"时，第二阶段的使用可用度必然为"0"。

下面我们探讨指数产品单元平均剩余寿命概念及其应用。

指数分布的平均剩余寿命 MRL 为：

$$\text{MRL}(t) = \int_0^\infty R(x \mid t)\,dx = \int_0^\infty R(x)\,dx = \text{MTTF} \tag{2-28}$$

式(2-28)表明：指数产品单元的 MRL 等于 MTTF，具有"使用如新"、"无记忆性"的特性。

例 2.3.2 展示了指数产品单元 MRL 特性的应用情况。

例 2.3.2 假定某舱室安装了 10 个光电监控探头，其寿命服从指数分布 exp(1000)。当一个探头发生故障失效后，分别采用以下两种更换策略，模拟保障时间 T_w 内各自的平均更换次数和探头更换数量。

(1)部分更换策略：只更换发生故障的探头；

(2)整体更换策略：更换所有的探头。

采用部分更换策略的仿真模型如下：

1)设仿真时间 $simT = 0$，更换次数 $N_1 = 0$；

2)根据指数分布 exp(1000)随机产生 10 个随机数 $t_i (1 \leq i \leq 10)$，并对 t_i 进行从小到大的排序，使得 $t_i \leq t_j (1 \leq i \leq j \leq 10)$；

3)令 $simT = simT + t_1$(仿真时间推进)；令 $N_1 = N_1 + 1$；

4)令 $t_i = t_i - t_1$，$1 \leq i \leq 10$(模拟更换故障件后所有探头的剩余寿命)；根据指数分布 exp(1000)随机产生 1 个随机数 t_0，并令 $t_1 = t_0$(模拟故障件换件维修）；

5）对重新得到的 $t_i(1 \leqslant i \leqslant 10)$ 进行从小到大的排序，使得 $t_i \leqslant t_j(1 \leqslant i < j \leqslant 10)$；

6）判断是否 $\mathrm{sim}T \geqslant T_\mathrm{w}$？若是，则仿真终止，输出更换次数 N_1；否则，转步骤3）。

上述流程中的步骤4）即为模拟剩余寿命。

采用整体更换策略的仿真模型如下：

1）设仿真时间 $\mathrm{sim}T = 0$，更换次数 $N_2 = 0$；

2）根据指数分布 $\exp(1000)$ 随机产生 10 个随机数 $t_i(1 \leqslant i \leqslant 10)$，并对 t_i 进行从小到大的排序，使得 $t_i \leqslant t_j(1 \leqslant i \leqslant j \leqslant 10)$；

3）令 $\mathrm{sim}T = \mathrm{sim}T + t_1$（仿真时间推进），令 $N_2 = N_2 + 1$；

4）判断是否 $\mathrm{sim}T \geqslant T_\mathrm{w}$？若是，则仿真终止，输出更换次数 N_2；否则，转步骤2）。

表 2-8 所示为保障时间 T_w 为 500~10000 范围内上述两种更换策略的模拟结果。

表 2-8 指数分布：整体更换和部分更换的模拟结果

保障时间 T_w	500	1000	1500	2000	2500	3000	3500	4000	4500	5000
部分更换：次数	5.04	9.99	14.96	19.99	25.02	29.95	34.99	39.99	45.02	50.07
整体更换：次数	5.00	10.02	15.02	19.97	24.98	29.99	34.99	40.03	45.12	50.10
保障时间 T_w	5500	6000	6500	7000	7500	8000	8500	9000	9500	10000
部分更换：次数	54.98	59.98	64.92	69.95	75.13	80.16	84.86	89.92	94.96	99.88
整体更换：次数	55.00	59.95	64.77	69.93	74.93	80.00	85.07	89.99	94.85	99.90

上述结果表明：

（1）在保障效果相同的前提下，对于部分更换和整体更换这两种策略，二者的更换次数一样，没有差别。但整体更换策略所需更换的产品单元数量，在例2.3.2中则是部分更换策略的10倍。仅从经济性的角度，寿命服从指数分布类型的产品单元，在维修性设计时应该优先采用部分更换策略。

（2）在仿真建模时，可采用重新产生随机数（整体更换策略仿真模型中的步骤 2))来等效实现剩余寿命的模拟(部分更换策略仿真模型中的步骤 4))。

以上结果实际上是"指数产品单元的剩余寿命等于平均寿命"的反映。如果探头的寿命服从其他类型的分布,会有类似结果吗?

2.4 Gamma 分布

Gamma 分布作为指数分布的一种推广,常用冲击模型进行解释。产品单元受到一系列的冲击,连续冲击之间的时间间隔 T_1, T_2, …相互独立且服从参数为 μ 的指数分布。假设该产品单元在第 a 次冲击时正好首次失效,则该产品单元的失效时间为 $T = T_1 + T_2 + \cdots + T_a$,$T$ 服从参数为 (a, μ) 的 Gamma 分布,记为 $T \sim Ga(a, \mu)$。其概率密度函数为:

$$f(t) = \frac{1}{\mu^a \Gamma(a)} t^{a-1} e^{\frac{-t}{\mu}} \qquad (2-29)$$

式中 $\Gamma(a)$——Gamma 函数,$\Gamma(a) = \int_0^\infty e^{-t} t^{a-1} dt$。

我们把失效时间服从 Gamma 分布的产品单元,简称为 Gamma 产品单元。

对于 Gamma 分布 $Ga(a, \mu)$,其平均失效时间(T 的均值)为:

$$MTTF = a\mu \qquad (2-30)$$

T 的方差为:

$$Var(T) = a\mu^2 \qquad (2-31)$$

可靠度为:

$$R(t) = 1 - F(t) = \sum_{n=0}^{a-1} \frac{(t/\mu)^n}{n!} e^{\frac{-t}{\mu}} \qquad (2-32)$$

Gamma 分布的失效分布函数 $F(t)$ 在 Matlab 中的对应函数为 gamcdf(t, a, μ)。

失效率函数 $\lambda(t)$ 为:

$$\lambda(t) = \frac{f(t)}{1-F(t)} = \frac{\frac{1}{\mu^a \Gamma(a)} t^{a-1} e^{\frac{-t}{\mu}}}{\sum_{n=0}^{a-1} \frac{(t/\mu)^n}{n!} e^{\frac{-t}{\mu}}} \qquad (2-33)$$

在2.2节，我们曾经指出：不修复件的换件维修，在数学上的对应表达为卷积，并给出了卷积计算公式。一般来说，直接利用该卷积公式推导换件维修情况下累积工作时间的概率密度函数极为烦琐、复杂。但对于Gamma分布而言，其具有以下两个极好的特性：

（1）指数分布是一种 $a = 1$ 的 Gamma 分布，即 $\exp(\mu) = \mathrm{Ga}(1, \mu)$。

（2）Gamma 分布的卷积计算具有线性可加性，即：设随机变量 $X \sim \mathrm{Ga}(a_1, \mu)$，$Y \sim \mathrm{Ga}(a_2, \mu)$，且 X 与 Y 独立，则 $Z = X + Y \sim \mathrm{Ga}(a_1 + a_2, \mu)$。

对于特性（1），一个直接的用途就是：对于保障任务时间为 T_{w}、备件数量为 n、寿命 T 服从指数分布 $\exp(\mu)$ 的产品单元，可以不必再使用 $P(n, T_{\mathrm{w}}) = \sum_{j=0}^{n} \dfrac{(T_{\mathrm{w}}/\mu)^j}{j!} \mathrm{e}^{-\frac{T_{\mathrm{w}}}{\mu}}$ 来计算备件保障概率，而是直接使用 Gamma 分布对应的失效分布函数就可得到，即：$P(n, T_{\mathrm{w}}) = 1 - \dfrac{1}{\mu^{1+n} \Gamma(1+n)} \int_{0}^{T_{\mathrm{w}}} t^n \mathrm{e}^{\frac{-t}{\mu}} \mathrm{d}t$。在 Matlab 中对应的函数代码为：$P(n, T_{\mathrm{w}}) = 1 - \mathrm{gamcdf}(T_{\mathrm{w}}, 1+n, \mu)$。

同样，特性（2）也可直接用于计算换件维修情况下 Gamma 产品单元的备件保障概率。对于保障任务时间为 T_{w}、备件数量为 n、寿命 T 服从 Gamma 分布 $\mathrm{Ga}(a, \mu)$ 的产品单元，可以直接使用 Gamma 分布对应的失效分布函数得到备件保障概率，即：由于 Gamma 分布卷积的线性可加性，n 件备件时该产品的累积工作时间服从 $\mathrm{Ga}((1+n)a, \mu)$，因此 $P(n, T_{\mathrm{w}}) = 1 - \dfrac{1}{\mu^{(1+n)a} \Gamma((1+n)a)} \int_{0}^{T_{\mathrm{w}}} t^{(1+n)a-1} \mathrm{e}^{\frac{-t}{\mu}} \mathrm{d}t$。在 Matlab 中对应的函数代码为：$P(n, T_{\mathrm{w}}) = 1 - \mathrm{gamcdf}(T_{\mathrm{w}}, (1+n)a, \mu)$。

例2.4.1 产品单元甲的寿命服从指数分布 $\exp(\mu)$，$\mu = 1000$，产品单元乙的寿命服从 Gamma 分布 $\mathrm{Ga}(a, \mu)$，$a = 1.5$，$\mu = 1000$，二者的备件数量 n 都为 5，请分别使用 Gamma 分布的卷积线性相加特性和模拟法，计算保障任务时间 T_{w} 内二者的保障任务成功率。

仿真模型采用2.2节介绍的模型。

表2-9所示为 $T_{\mathrm{w}} = 500 \sim 10000$ 的仿真结果。

表 2 − 9   保障任务成功率的模拟结果和卷积计算结果

保障时间 T_w	500	1000	1500	2000	2500	3000	3500	4000	4500	5000
卷积结果指数	1.000	0.999	0.996	0.983	0.958	0.916	0.858	0.785	0.703	0.616
模拟结果指数	1.000	1.000	0.996	0.986	0.956	0.914	0.854	0.776	0.706	0.622
卷积结果 Gamma	1.000	1.000	1.000	1.000	0.999	0.996	0.990	0.979	0.960	0.932
模拟结果 Gamma	1.000	1.000	1.000	1.000	0.999	0.996	0.992	0.978	0.960	0.933
保障时间 T_w	5500	6000	6500	7000	7500	8000	8500	9000	9500	10000
卷积结果指数	0.529	0.446	0.369	0.301	0.241	0.191	0.150	0.116	0.089	0.067
模拟结果指数	0.522	0.444	0.379	0.303	0.238	0.194	0.149	0.118	0.084	0.066
卷积结果 Gamma	0.894	0.847	0.792	0.729	0.662	0.593	0.523	0.456	0.392	0.333
模拟结果 Gamma	0.889	0.850	0.795	0.730	0.669	0.591	0.519	0.447	0.395	0.338

例 2.4.2   产品单元的寿命服从 Gamma 分布 $Ga(a, \mu)$，$a = 1.5$，$\mu = 1000$，保障任务时间 $T_w = 10000$，备件数量为 n，请分别使用模拟法和估计法，计算备件利用率。

仿真模型与例 2.4.1 相同，备件利用率的模拟结果记为 $\mathrm{sim}P_1$。

备件利用率的估计式如下，记为 $\hat{P}_1$：

$$\hat{P}_1 = \min\left(1, \frac{\frac{T_w}{a\mu}}{n}\right)$$

式中 $\dfrac{T_w}{a\mu}$——保障任务时间与产品单元平均寿命（Gamma 分布的平均寿命为 $a\mu$）的比例，其物理含义为任务期间内的平均故障次数。

图 2 − 5 所示为备件 $n = 1 \sim 40$ 范围，备件利用率的模拟结果和估计结果。

该结果表明，对于 Gamma 分布，备件利用率的估计结果与模拟结果有着较好的一致性。

当备件方案的使用可用度一般时，备件利用率的估计结果可用于定性评估备件利用程度。

当使用可用度较高/低时，备件利用率的估计结果可用于定量评估备件利用程度。

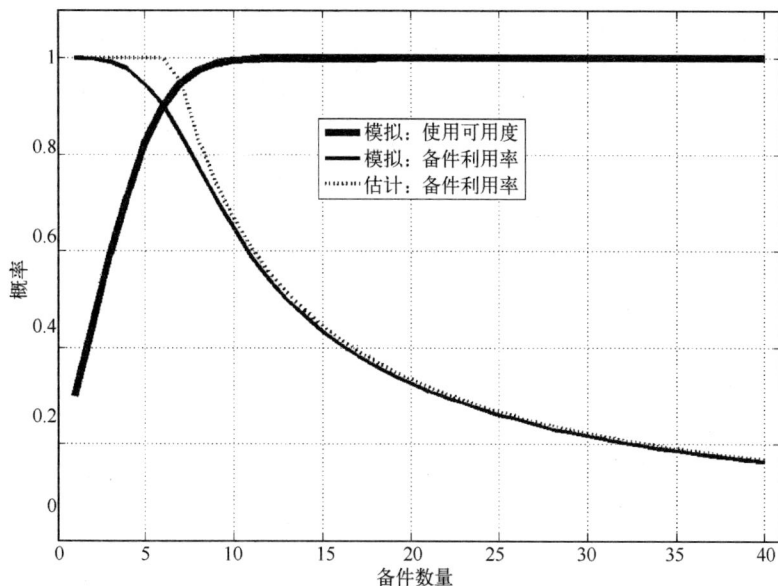

图 2 - 5　备件利用率的模拟结果和估计结果

2.5　正态分布

一般机械件的寿命分布服从正态分布规律，如：齿轮箱、减速器等。我们把失效时间服从正态分布的产品单元，简称正态产品单元。正态分布是统计学中应用最广的一种分布。

具有均值 μ 和方差 σ^2 的随机变量 T 的概率密度函数满足：

$$f(t) = \frac{1}{\sigma\sqrt{2\pi}} e^{\frac{-(t-\mu)^2}{2\sigma^2}} \qquad (2-34)$$

则称随机变量 T 服从正态分布，记为 $T \sim N(\mu, \sigma^2)$。

图 2 - 6 给出了在 μ，σ 变化时，相应概率密度函数的变化情况[21]。

从图 2 - 6 可以看出：如果固定根方差 σ，改变均值 μ 的值，则图形沿 x 轴平移，而不改变其形状。

如果固定均值 μ，改变根方差 σ 的值，则图形的位置不变，但随着根方差 σ 减小，曲线呈现高且瘦，分布较为集中；随着根方差 σ 增大，曲线呈现矮且胖，分布较为分散。

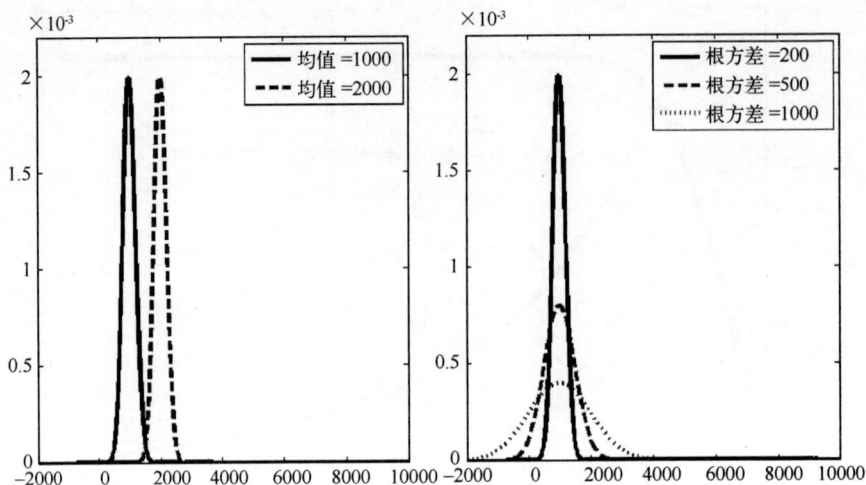

图 2-6　正态分布的概率密度函数示意图

对于正态分布 $N(\mu, \sigma^2)$，其平均失效时间（T 的均值）为：

$$\mathrm{MTTF} = \mu \qquad (2-35)$$

T 的方差为：

$$\mathrm{Var}(T) = \sigma^2 \qquad (2-36)$$

尽管正态随机变量 T 的取值范围是 $(-\infty, \infty)$，但它的 99.73% 的值落在 $(\mu-3\sigma, \mu+3\sigma)$ 内。这个性质被称为正态分布的"3σ 原则"。

正态分布 $N(\mu, \sigma^2)$ 的分布函数：

$$F(t) = P(T \leqslant t) = \frac{1}{\sigma\sqrt{2\pi}} \int_{-\infty}^{t} \mathrm{e}^{\frac{-(x-\mu)^2}{2\sigma^2}} \mathrm{d}x \qquad (2-37)$$

在 Matlab 中的对应函数为 $\mathrm{normcdf}(t, \mu, \sigma)$。

可靠度为：

$$R(t) = 1 - F(t) = 1 - \frac{1}{\sigma\sqrt{2\pi}} \int_{-\infty}^{t} \mathrm{e}^{\frac{-(x-\mu)^2}{2\sigma^2}} \mathrm{d}x \qquad (2-38)$$

实际上产品单元的寿命 T 大于等于零，此时的可靠度为：

$$R(t) = P(T > t \mid T > 0) = \frac{P(T > t)}{P(T > 0)} \qquad t \geqslant 0$$

由于产品单元的寿命均值 μ 一般较大，以及"3σ 原则"，导致 $P(T>0)$ ≈ 1，此时 $R(t) = \frac{P(T>t)}{P(T>0)} \approx P(T>t)$，其结果在工程上也可以接受。

例2.5.1 假定某装备安装了10个电池，其寿命服从正态分布 N(1000，100)。当一个电池发生故障失效后，分别采用以下两种更换策略，模拟保障时间 T_w 内各自的平均更换次数和电池数量。

（1）部分更换策略：只更换发生故障的电池；

（2）整体更换策略：更换所有的电池。

仿真流程与例2.3.2一样，只不过将指数分布改为正态分布。

表2-10所示为保障时间 T_w 在500～10000范围内，上述两种更换策略的模拟结果。

表2-10 正态分布：整体更换和部分更换的模拟结果

保障时间	500	1000	1500	2000	2500	3000	3500	4000	4500	5000
部分更换：次数	0.00	4.98	10.00	15.01	20.02	25.01	30.04	34.97	40.06	45.01
整体更换：次数	0.00	1.00	1.02	2.00	2.34	3.00	3.83	4.05	4.99	5.29
整体更换：数量	0.00	9.99	10.18	20.00	23.39	30.02	38.34	40.46	49.85	52.89
保障时间	5500	6000	6500	7000	7500	8000	8500	9000	9500	10000
部分更换：次数	50.08	54.99	60.10	65.01	70.08	74.98	80.10	84.99	90.08	94.98
整体更换：次数	6.00	6.68	7.05	7.93	8.26	9.00	9.58	10.06	10.84	11.22
整体更换：数量	60.04	66.83	70.54	79.26	82.55	89.98	95.80	100.59	108.40	112.19

正态分布的结果与例2.3.2指数分布的结果迥然不同。对于寿命服从正态分布的单元，从经济性的角度，每次只更换故障件的部分更换策略其所需的备件数量仍然略少于整体更换策略所需的备件数量，但也导致陷入频繁进行换件维修的状况，部分更换的次数与整体更换策略所需的备件数量相当，维修工作量相比整体更换明显过大。这实际是正态分布"3σ原则"特性的一种反映——当某个单元故障时，其他同类产品的寿命可能也快到了！可以想象，随着根方差 σ 的减小，部分更换策略其所需的备件数量会越来越接近整体更换策略所需的备件数量，其经济性好的优势将越来越小，而频繁进行换件工作的劣势会越来越大。因此，对于寿命服从正态分布的产品单元，在维修性设计中，需要根据均值 μ 和根方差 σ，从经济性和维修工作量两方面，综合权衡部分更换策略和整体更换策略各自的利弊。

在GJB4355中，计算寿命服从正态分布 N(μ，σ^2) 产品单元备件需求

量 n 的基本公式为：

$$n = \frac{T_w}{\mu} + u_p \sqrt{\frac{\sigma^2 T_w}{\mu^3}} \qquad (2-39)$$

式中　μ——产品单元寿命均值；

　　　σ——根方差；

　　　T_w——保障任务时间；

　　　P——备件保障概率；

　　　u_p——正态分布分位数。

该公式除了用于计算备件需求量，也可用于保障效果评估。

常用的正态分布下位分位数如表 2-11 所示。

表 2-11　常用的正态分布下位分位数表

P	0.8	0.9	0.95	0.99
u_p	0.84	1.28	1.65	2.33

不修复件的换件维修，在数学上的对应表达为卷积。正态分布与 Gamma 一样，其卷积也具有线性可加性，即：设随机变量 $X \sim N(\mu_1, \sigma_1^2)$，$Y \sim N(\mu_2, \sigma_2^2)$，且 X 与 Y 独立，则 $Z = X + Y \sim N(\mu_1 + \mu_2, \sigma_1^2 + \sigma_2^2)$。

因此，对于不修复件的换件维修，保障任务时间为 T_w、备件数量为 n、寿命 T 服从正态分布 $N(\mu, \sigma^2)$ 的产品单元，可以直接使用正态分布对应的失效分布函数来得到备件保障概率 $P(n, T_w)$，即：由于正态分布卷积的线性可加性，n 个备件时该产品的累积工作时间服从 $N((1+n)\mu, (1+n)\sigma^2)$，因此 $P(n, T_w) = 1 - \dfrac{1}{\sigma\sqrt{2(1+n)\pi}} \displaystyle\int_{-\infty}^{T_w} e^{\frac{-(t-(1+n)\mu)^2}{2(1+n)\sigma^2}} \mathrm{d}t$。在 Matlab 中对应的函数代码为：$P(n, T_w) = 1 - \mathrm{normcdf}(T_w, (1+n)\mu, \sigma\sqrt{1+n})$。

例 2.5.2　产品单元的寿命服从正态分布 $N(\mu, \sigma^2)$，$\mu = 1000$，$\sigma = 200$，备件数量 n 为 7，请分别使用正态分布的卷积线性相加特性、模拟法和 GJB4355 方法，计算保障任务时间 T_w 内的保障概率。

仿真模型采用 2.2 节介绍的模型。

图 2-7、表 2-12 所示为 $T_w = 500 \sim 10000$ 的仿真结果。

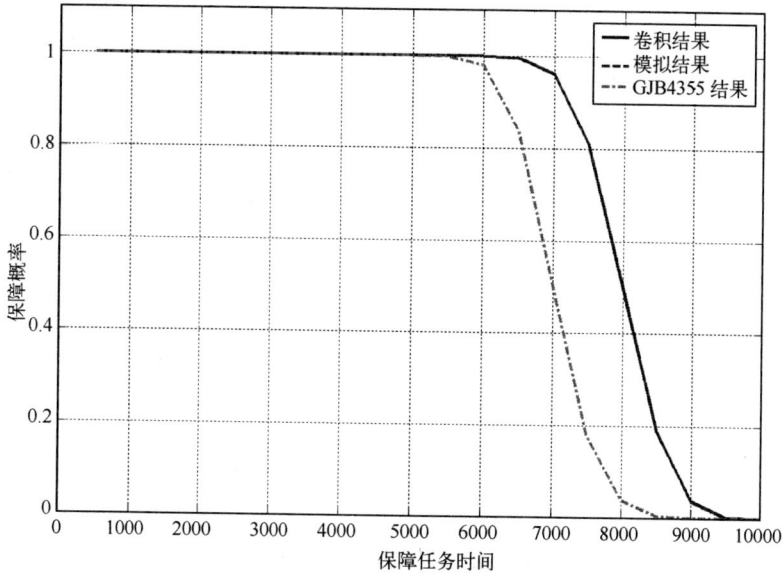

图2-7 正态分布：评估结果（保障任务成功率）

表2-12 正态分布：评估结果（保障概率）

保障时间 T_w	500	1000	1500	2000	2500	3000	3500	4000	4500	5000
卷积结果	1.000	1.000	1.000	1.000	1.000	1.000	1.000	1.000	1.000	1.000
模拟结果	1.000	1.000	1.000	1.000	1.000	1.000	1.000	1.000	1.000	1.000
GJB4355 结果	1.000	1.000	1.000	1.000	1.000	1.000	1.000	1.000	1.000	1.000
保障时间 T_w	5500	6000	6500	7000	7500	8000	8500	9000	9500	10000
卷积结果	1.000	1.000	0.996	0.961	0.812	0.500	0.188	0.039	0.004	0.000
模拟结果	1.000	1.000	0.996	0.959	0.807	0.496	0.191	0.036	0.004	0.000
GJB4355 结果	0.999	0.979	0.837	0.500	0.181	0.039	0.005	0.000	0.000	0.000

对于寿命服从正态分布的产品单元，从保障效果评估的角度，上述结果表明：

①卷积法的结果与模拟法的结果是高度一致的。卷积法是理论上的正确方法。

②GJB4355 方法只有在备件保障概率很高时，才有较准确的评估结果。不过该方法在没有计算工具时，只要能查到正态分布的分位数表，就

能使用，具有形式简单、计算可行性好的特点。

GJB4355 推荐的备件需求量计算式（2－39）给我们的另一个启发是：可以利用标准正态分布 N(0，1)和分位数概念来计算备件需求量。

对于正态单元，n 个备件时该产品的累积工作时间 t 服从 $N((1+n)\mu, (1+n)\sigma^2)$，将其转化为标准正态分布，则有 $\dfrac{t-(1+n)\mu}{\sigma\sqrt{1+n}} \sim N(0，1)$。

因此有：

$$P(n, T_w) = 1 - \frac{1}{\sigma\sqrt{2(1+n)\pi}} \int_{-\infty}^{T_w} e^{\frac{-(t-(1+n)\mu)^2}{2(1+n)\sigma^2}} dt$$

$$= 1 - \frac{1}{\sqrt{2\pi}} \int_{-\infty}^{T_w'} e^{\frac{-t^2}{2}} dt \qquad (2-40)$$

式中　$T_w' = \dfrac{T_w-(1+n)\mu}{\sigma\sqrt{1+n}}$。

当保障概率为 P 时，计算备件数量 n 的过程，也就是寻找满足 $P(n, T_w) \geqslant P$ 的最小 n 的过程。此时 T_w' 即为标准正态分布下位分位数 u_{1-p}，计算备件需求量转化为求解满足下列不等式的最小 n：

$$\frac{T_w-(1+n)\mu}{\sigma\sqrt{1+n}} \leqslant u_{1-p} \qquad (2-41)$$

求解该一元二次不等式，得到卷积法的备件需求量计算式如下：

$$n = \left(\frac{-u_{1-p}\sigma + \sqrt{(u_{1-p}\sigma)^2 + 4\mu T_w}}{2\mu}\right)^2 - 1 \qquad (2-42)$$

以下例题展现了卷积法和 GJB4355 方法在备件需求量计算方面的情况。

例 2.5.3　产品单元的寿命服从正态分布 $N(\mu, \sigma^2)$，$\mu=1000$，$\sigma=200$，要求保障概率不低于 0.8，请分别使用卷积法和 GJB4355 方法，计算备件需求量，并分别使用卷积法和 GJB4355 方法评估两种备件需求量的保障效果。

在实际工作中，备件数量必须为整数，因此无论是卷积法还是 GJB4355 方法，都对备件需求量计算结果"向上"取整。

图 2－8、表 2－13 所示为计算结果。

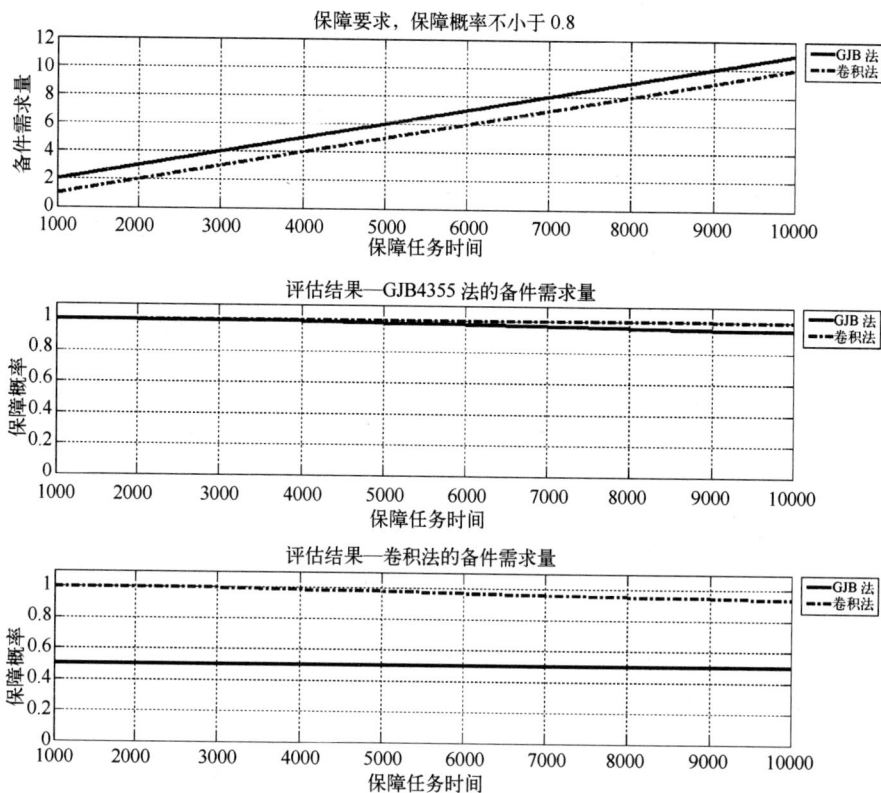

图 2 - 8 正态分布：备件需求量预测结果

表 2 - 13 正态分布：备件需求量预测结果

保障任务时间	GJB4355			卷积		
	GJB4355 备件需求量	GJB4355 评估结果	卷积 评估结果	卷积 备件需求量	GJB4355 评估结果	卷积 评估结果
1000	2	1.000	1.000	1	0.500	1.000
2000	3	1.000	1.000	2	0.500	0.998
3000	4	0.998	1.000	3	0.500	0.994
4000	5	0.994	1.000	4	0.500	0.987
5000	6	0.987	1.000	5	0.500	0.979
6000	7	0.979	1.000	6	0.500	0.971

保障任务 时间	GJB4355			卷积		
	GJB4355 备件需求量	GJB4355 评估结果	卷积 评估结果	卷积 备件需求量	GJB4355 评估结果	卷积 评估结果
7000	8	0.971	1.000	7	0.500	0.961
8000	9	0.961	0.999	8	0.500	0.952
9000	10	0.952	0.999	9	0.500	0.943
10000	11	0.943	0.998	10	0.500	0.934

从以上结果可以看出：

（1）采用 GJB4355 方法预测备件需求量时，与卷积法的结果相比，其结果会稍稍偏大（例题中始终比卷积法的备件数量多 1 件）。

（2）利用卷积法得到的备件需求量，尽管实际上不低于保障要求 0.8，但如果采用 GJB4355 方法评估，则认为其"不合格"（保障概率为 0.5，远低于保障要求）。

这表明：GJB4355 方法在计算备件需求量方面准确度较好，结果稍偏大、趋于保守；在评估保障效果时，则误差有可能会很大。其主要原因在于：正态产品单元的寿命集中在平均寿命附近，相差一件备件，会带来较大的保障概率变化，导致 GJB4355 方法的评估结果有可能"大大低估"保障效果。

例 2.5.4 产品单元的寿命服从正态分布 $N(\mu, \sigma^2)$，$\mu = 1000$，$\sigma = 200$，保障任务时间 $T_w = 10000$，备件数量为 n，请分别使用模拟法和估计法，计算备件利用率。

仿真模型与例 2.5.1 相同，备件利用率的模拟结果记为 $\mathrm{sim}P_1$。

备件利用率的估计式如下，记为 $\hat{P}_1$：

$$\hat{P}_1 = \min\left(1, \frac{\dfrac{T_w}{\mu}}{n}\right)$$

式中 $\dfrac{T_w}{\mu}$ ——保障任务时间与产品单元平均寿命（正态分布的平均寿命为 μ）的比例，其物理含义为任务期间内的平均故障次数。

图 2-9 所示为备件 $n = 1 \sim 40$ 范围，备件利用率的模拟结果和估计结果。

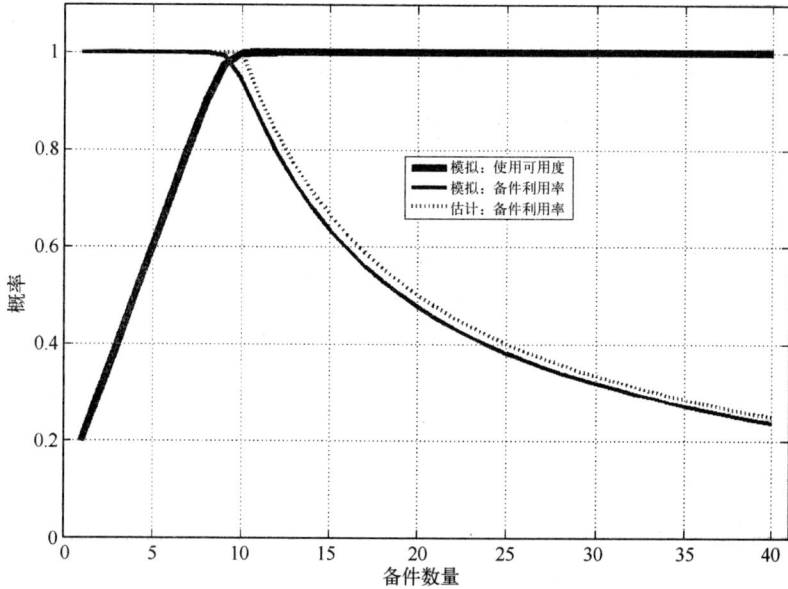

图 2-9 正态分布：备件利用率和使用可用度结果

该结果表明，对于正态分布，备件利用率的估计结果与模拟结果有着较好的一致性。

第3章 装机数大于1时的
保障效果评估

在第2章中，我们针对装机数等于1的产品单元，介绍了寿命服从指数、Gamma、正态分布的不修复件，在备件数量为 n 时的保障效果评估方法。在本章中，我们讨论不修复件在装机数大于1的情况下，备件数量为 n 时的保障效果评估方法。

在 GJB4355 中，以算例的形式给出了针对典型寿命分布类型单元的备件保障效果评估公式。

对指数类型单元，备件保障概率计算公式如下：

$$P = \sum_{j=0}^{S} \frac{(N\lambda t)^j}{j!} \exp(-N\lambda t) \tag{3-1}$$

式中　P——备件保障概率；

　　　S——备件数量；

　　　t——累积工作时间；

　　　N——装机数；

　　　λ——失效率。

对威布尔类型单元，其形状参数为 β、尺度参数为 η、位置参数为 γ，备件需求量计算公式如下：

$$S = \left(\frac{u_p k}{2} + \sqrt{\left(\frac{u_p k}{2}\right)^2 + \frac{t}{E}} \right)^2 \tag{3-2}$$

式中　P、S、t——含义同式（3-1）的注释；

　　　E——平均寿命，$E = \eta \times \Gamma\left(1 + \frac{1}{\beta}\right)$，假定位置参数 $\gamma = 0$；

　　　k——变异系数，$k = \sqrt{\dfrac{\Gamma\left(1 + \dfrac{2}{\beta}\right)}{\Gamma\left(1 + \dfrac{1}{\beta}\right)^2} - 1}$；

　　　u_p——正态分布分位数。

常用的正态分布下位分位数如表 3 – 1 所示。

表 3 – 1　常用的正态分布下位分位数表

P	0. 8	0. 9	0. 95	0. 99
u_{p}	0. 84	1. 28	1. 65	2. 33

对正态类型的单元，其寿命均值 E、标准差 σ，备件需求量计算公式如下：

$$S = \frac{t}{E} + u_{\mathrm{p}} \sqrt{\frac{\sigma^2 t}{E^3}} \qquad\qquad (3 – 3)$$

可以发现，除寿命服从指数分布的单元外，其他分布类型都是装机数等于 1 的情况。对指数类型的单元，尽管给出了装机数 N 这个参数，但也没给出这 N 个单元之间是哪种可靠性连接关系的明确说明。

当某项单元在一个系统中的装机数 N 大于 1 时，这 N 个单元与系统往往存在着如下常见的可靠性连接关系。

3.1　系统可靠性框图

本节内容选自《可靠性理论及工程应用》（张志华编著，科学出版社，2012 年版）。

在可靠性研究中一般规定：由若干个部件相互有机地结合成一个可完成某一功能的综合体称为系统，组成系统的部件称为单元。例如，如果研究对象为导弹系统，则在分析导弹系统的可靠性时，通常将导弹控制器、发动机等视作单元；如果研究对象为发动机，则在分析其可靠性时，将组成发动机的各种元器件和零部件等视作单元。由此可见，系统与单元是两个相对的概念。

为了研究系统可靠性，通常需要画出系统可靠性与组成单元可靠性之间的逻辑关系图，称之为系统可靠性框图（Reliability Block Diagram）。可靠性框图由一些方框和连线组成，每个方框表示一个单元。系统可靠性框图通常可以根据系统的功能及工作原理画出。

系统可靠性框图与系统工作原理图是有差异的。前者表示各单元与系统之间的可靠性关系；而后者表示各单元与系统之间的物理作用和时间上的关系。因此，具有相同物理结构的系统在完成不同功能时，可构成不同的可靠性框图。如图 3-1 所示，两阀门组成的水管系统，当系统的功能是使流体由左端流入、右端流出时，这时系统正常就是指它保证流体流出。要使系统正常工作，阀门 A、B 必须同时处于开启状态，这时可靠性框图如图 3-2a 所示。当系统功能是使流体截流时，系统正常是它能保证截流；要使系统正常工作，只需阀门 A 或 B 至少有一个处于关闭状态，这时可靠性框图如图 3-2b 所示。

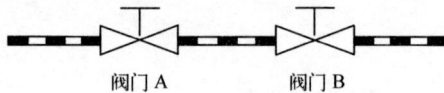

图 3-1　系统的结构图

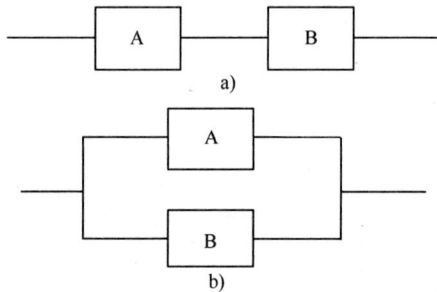

图 3-2　系统的可靠性框图

a)阀门 A、B 同时处于开启状态；b)阀门 A 或 B 至少有一个处于关闭状态

3.1.1　串联系统

一个系统，如果组成系统的单元中有一个单元发生了失效，则系统就发生失效，这样的系统称串联系统。设串联系统共有 n 个单元，其可靠性框图如图 3-3 所示。

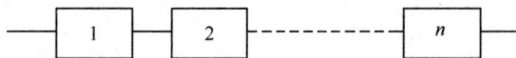

图 3-3　串联系统可靠性框图

设 n 个单元之间相互独立，第 i 个单元的可靠度函数为 $R_i(t)$，则串联系统的可靠度函数为：

$$R(t) = \prod_{i=1}^{n} R_i(t) \tag{3-4}$$

当第 i 个单元的失效率为 $\lambda_i(t)$ 时，系统的失效率为：

$$\lambda(t) = \frac{-R'(t)}{R(t)} = \sum_{i=1}^{n} \lambda_i(t) \tag{3-5}$$

因此，串联系统的失效率是所有单元失效率之和。

特殊地，当组成系统的每个单元寿命均服从指数分布时，即 $R_i(t) = e^{-\lambda_i t}(i = 1, 2, \cdots, n)$，系统的可靠度为：

$$R(t) = \prod_{i=1}^{n} e^{-\lambda_i t} = e^{-(\sum_{i=1}^{n} \lambda_i)t} = e^{-\lambda_s t} \tag{3-6}$$

由此可见，当所有单元的寿命均服从指数分布，则串联系统的寿命仍服从指数分布，系统的失效率为：

$$\lambda_s = \sum_{i=1}^{n} \lambda_i \tag{3-7}$$

系统的平均寿命为：

$$\mathrm{MTTF} = \frac{1}{\sum\limits_{i=1}^{n} \lambda_i} \tag{3-8}$$

3.1.2　并联系统

一个系统由 n 个单元组成，只要有一个单元未发生失效，系统就能正常工作，称这种系统为并联系统。并联系统是最简单的冗余系统，它的可靠性框图如图 3-4 所示。

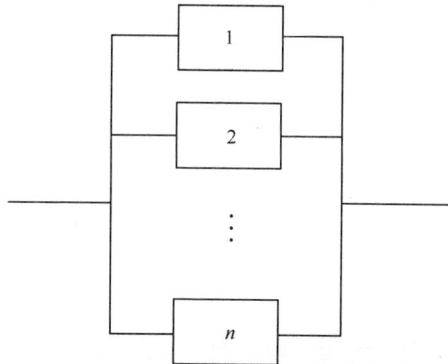

图 3-4　并联系统可靠性框图

设 n 个单元之间相互独立，第 i 个单元的可靠度函数为 $R_i(t)$，则系统可靠度函数为：

$$R_S(t) = 1 - \prod_{i=1}^{n}(1 - R_i(t)) \tag{3-9}$$

3.1.3 表决系统

所谓表决系统是指系统由 N 个单元组成，若至少有 k 个单元正常工作，系统才正常工作（$1 \leqslant k \leqslant N$），记为 $k/N(G)$。其可靠性框图如图 3-5 所示。显然 $N/N(G)$ 为串联系统，$1/N(G)$ 为并联系统。

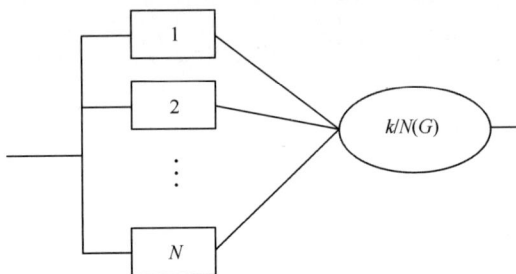

图 3-5 表决系统可靠性框图

设 N 个相同单元相互独立，其可靠度都为 $R(t)$，$k/N(G)$ 系统的可靠度为：

$$R_S(t) = R^N(t) + NR^{N-1}(t)F(t) + \binom{N}{2}R^{N-2}(t)F^2(t) + \cdots \tag{3-10}$$

$$+ \binom{N}{N-k}R^k(t)F^{N-k}(t) = \sum_{i=0}^{N-k}\binom{N}{i}R^{N-i}(t)F^i(t)$$

式中，$F(t) = 1 - R(t)$。

当单元的寿命服从指数分布 $R(t) = e^{-\lambda t}$，则：

$$R_S(t) = \sum_{i=0}^{N-k}\binom{N}{i}e^{-(N-i)\lambda t}(1 - e^{-\lambda t})^i$$

$$\text{MTTF} = \frac{1}{\lambda}\sum_{i=0}^{N-k}\frac{1}{N-i} \tag{3-11}$$

串联、并联都是表决中的一种特例。所以，表决结构是一种更为普遍的可靠性连接形式，在装机数 N 大于 1、可靠性连接形式为表决结构情况下，研究其备件方案保障效果评估方法，具有重要的价值。

将单元之间为表决可靠性形式的 N 个单元看作一个部件，简称表决部件。

对于表决部件，其换件维修过程为：当发生故障的单元数量为 $N-k+1$ 时，该部件表现为"发生故障"且停止工作；在按照不同的换件维修策略（部分更换或整体更换）更换一个批次的单元后，该部件的故障排除，恢复工作。

部分更换：只更换发生故障的单元，该批次更换的备件数量为 $N-k+1$；

部分更换：更换所有的单元，该批次更换的备件数量为 N。

对于表决部件，执行部分更换的仿真模型流程如下：

1）初始化：仿真时间 $\mathrm{sim}T=0$，保障任务成功标志 $N_s=0$；

对部件寿命进行初始化：按照单元的寿命分布规律，随机产生 N 个随机数 $t_i(1 \leqslant i \leqslant N)$，组成数组 $[\begin{array}{cccc} t_1 & t_2 & \cdots & t_N \end{array}]$。

2）对部件中的单元寿命进行排序：对数组 $[\begin{array}{cccc} t_1 & t_2 & \cdots & t_N \end{array}]$ 进行从小到大的排序，使得 $t_i \leqslant t_j$（当 $1 \leqslant i < j \leqslant N$ 时）。

3）部件发生故障，仿真时间推进：$\mathrm{sim}T = \mathrm{sim}T + t_{N-k+1}$。

4）判断是否满足仿真终止条件1：仿真时间是否超出任务时间（$\mathrm{sim}T \geqslant T$）？若是，则记部件累积工作时间 $\mathrm{work}T=T$，保障任务成功标志 $N_s=1$，终止仿真，转步骤7）；若否，则执行步骤5）。

5）判断是否满足仿真终止条件2：是否还有备件（$S>0$）？若否，则记部件累积工作时间 $\mathrm{work}T=\mathrm{sim}T$，终止仿真，转步骤7）；若是，则执行步骤6），开始换件维修。

6）部分换件维修：首先令 $t_i' = \begin{cases} 0 & i \leqslant N-k+1 \\ t_i - t_{N-k+1} & i > N-k+1 \end{cases}$，然后按照单元的寿命分布规律，随机产生 $N-k+1$ 个随机数 $t_i'(1 \leqslant i \leqslant N-k+1)$，组成数组 $[\begin{array}{cccc} t_1' & t_2' & \cdots & t_N' \end{array}]$，并对 $[\begin{array}{cccc} t_1' & t_2' & \cdots & t_N' \end{array}]$ 进行从小到大排序后，得到新的数组 $[\begin{array}{cccc} t_1 & t_2 & \cdots & t_N \end{array}]$（$t_i \leqslant t_j$，当 $1 \leqslant i < j \leqslant N$ 时）；更新备件数量 $S = S-(N-k+1)$，转步骤3）。

7）仿真终止。

上面的步骤6）模拟实现了部分换件维修后，保留下来的单元剩余寿命情况。

对于表决部件，执行整体更换的仿真模型流程如下：

1）初始化：仿真时间 $simT = 0$，保障任务成功标志 $N_s = 0$。

对部件寿命进行初始化：按照单元的寿命分布规律，随机产生 N 个随机数 $t_i(1 \leq i \leq N)$，组成数组 $[t_1 \quad t_2 \quad \cdots \quad t_N]$。

2）对部件中的单元寿命进行排序：对数组 $[t_1 \quad t_2 \quad \cdots \quad t_N]$ 进行从小到大的排序，使得 $t_i \leq t_j$（当 $1 \leq i < j \leq N$ 时）。

3）部件发生故障，仿真时间推进：$simT = simT + t_{N-k+1}$。

4）判断是否满足仿真终止条件1：仿真时间是否超出任务时间（$simT \geq T$）？若是，则记部件累积工作时间 $workT = T$，保障任务成功标志 $N_s = 1$，终止仿真，转步骤7）；若否，则执行步骤5）。

5）判断是否满足仿真终止条件2：是否还有备件（$S > 0$）？若否，则部件累积工作时间 $workT = simT$，保障任务成功标志 $N_s = 0$，终止仿真，转步骤7）；若是，则执行步骤6），开始换件维修。

6）整体换件维修：按照单元的寿命分布规律，随机产生 N 个随机数 $t_i'(1 \leq i \leq N)$，组成数组 $[t_1' \quad t_2' \quad \cdots \quad t_N']$，并对 $[t_1' \quad t_2' \quad \cdots \quad t_N']$ 进行从小到大排序后，得到新的数组 $[t_1 \quad t_2 \quad \cdots \quad t_N]$（$t_i \leq t_j$，当 $1 \leq i < j \leq N$ 时）；更新备件数量 $S = S - N$，转步骤3）。

7）仿真终止。

例3.1.1 某项产品单元的装机数为 $N = 3$，单元寿命服从指数分布 $\exp(\mu)$，平均寿命 $\mu = 1000$，备件数量 $S = 6$，保障任务时间为 T_w。请模拟该产品单元之间的可靠性关系分别为串联、并联、表决 $2/3(G)$ 的备件满足率，并与 GJB4355 方法进行比较。

GJB4355 方法：$P = \sum_{j=0}^{s} \frac{(N\lambda T_w)^j}{j!} \exp(-N\lambda T_w)$，$\lambda = \frac{1}{\mu}$

由于串联、并联都属于表决的一种，因此其仿真模型流程采用如上所述执行部分更换策略的表决结构换件维修流程。

表3-2所示为保障任务时间 T_w 为 1000～5000 范围内备件满足率的模拟结果和计算结果。

表 3 – 2 　串联、并联和表决情况下的备件满足率模拟结果和计算结果

保障时间	并联 模拟结果	表决 模拟结果	串联 模拟结果	GJB4355 计算结果
1000	1.000	0.996	0.967	0.966
1500	0.999	0.964	0.827	0.831
2000	0.990	0.882	0.608	0.606
2500	0.960	0.748	0.379	0.378
3000	0.924	0.564	0.218	0.207
3500	0.851	0.392	0.096	0.102
4000	0.763	0.260	0.047	0.046
4500	0.658	0.156	0.017	0.019
5000	0.560	0.088	0.008	0.008

　　从结果可以看出，在相同备件数量条件下，并联形式的备件满足率最高、表决形式的其次、串联形式的最低。GJB4355 方法在处理装机数 $N >$ 1 时，默认这些产品单元之间为串联关系。因此，对于实际形式为表决形式(非串联)的产品，评估其备件方案的保障效果时，会导致低估其备件满足率或使用可用度；在采用相同备件满足率要求指标时，GJB4355 方法在计算备件需求量会偏大，趋于保守。

　　对于由 N 个单元组成的部件而言：当单元寿命服从指数分布 $\exp(\mu)$，N 个单元之间的可靠性关系为串联形式时，该部件的寿命服从指数分布 $\exp(\mu/N)$。由于指数单元具有剩余寿命等于平均寿命的特性，因此通过更换一个故障单元来修复部件，等同于更换所有 N 个单元，也就是等同于更换一个部件。此时，"N 个单元 + S 个单元备件"就等效于"1 个部件 + S 个部件备件"，二者的备件满足率计算方法相同。

　　对于单元装机数为 N 的串联结构部件，其特点是在部件工作期间，始终保持有 N 个单元同时工作的工作强度。而对于 $k/N(G)$ 表决结构的部件，在部件工作期间，允许有不大于 $N - k$ 个单元故障停机，不能保证始终有 N 个单元同时工作这样高的工作强度。所以，相同备件数量情况下，表决部件对应的备件满足率要高于串联部件；相同备件满足率下，所需的备件数量要少于串联部件所需要的。这也解释了上述模拟结果中，为什么

尽管装机数相同,但并联、表决、串联三种可靠性连接形式的保障效果（备件满足率）不同的原因。

那么,除了仿真的方法,能否有其他近似估计方法来计算装机数 $N > 1$,且为表决形式的备件保障效果呢?

3.2　Gamma 等效评估法

利用冲击模型来分别解释 Gamma 分布和表决部件,发现二者有相似之处:

(1)参数为(a, μ)的 Gamma 分布是指:产品受到一系列的冲击,连续冲击之间的时间间隔 T_1、T_2⋯相互独立且服从参数为 μ 的指数分布。当第 a 次冲击时该产品首次失效,记该产品的寿命为 $T = T_1 + T_2 + \cdots + T_a$,则称 T 服从参数为(a, μ)的 Gamma 分布。

(2)假设 $k/N(G)$ 表决部件由指数单元组成,每发生一次冲击造成一个单元失效,单元的失效时间服从指数分布;当第 $N - k + 1$ 单元失效后,部件首次失效,部件寿命为 $T = T_1 + T_2 + \cdots + T_{N-k+1}$。

为此,我们提出将表决部件等效为寿命服从 Gamma 分布的单元,利用 Gamma 分布的卷积线性相加特性,来评估备件方案保障效果的计算方法,简称 Gamma 等效评估法。

Gamma 等效评估法由以下两个步骤组成:

1)对表决部件的寿命进行 Gamma 分布拟合计算,即:将表决部件的寿命分布看成 Gamma 分布。

2)利用 Gamma 分布的卷积线性相加特性,计算保障概率。

Gamma 分布的卷积计算具有线性可加性,即:设随机变量 $X \sim \mathrm{Ga}(a_1, \mu)$,$Y \sim \mathrm{Ga}(a_2, \mu)$,且 X 与 Y 独立,则 $Z = X + Y \sim \mathrm{Ga}(a_1 + a_2, \mu)$。

3.2.1　表决部件寿命的 Gamma 分布拟合

该方法的关键在于对表决部件寿命进行 Gamma 分布拟合,以下为执行整体更换策略时的拟合步骤:

1)模拟产生 $k/N(G)$ 表决部件的寿命$\{t_i, 1 \leqslant i \leqslant n_{\mathrm{sim}}\}$,$n_{\mathrm{sim}}$ 为模拟次数。模拟一次 $k/N(G)$ 表决部件的寿命 t_i 的具体方法如下:

①按照单元的寿命分布规律，产生 N 个随机数 t'_{i1}、t'_{i2}…t'_{iN} 构成数组 $[\,t'_{i1}\quad t'_{i2}\quad \cdots\quad t'_{iN}\,]$；

②对数组 $[\,t'_{i1}\quad t'_{i2}\quad \cdots\quad t'_{iN}\,]$ 中的数据进行从小到大的排序，得到新数组 $[\,t_{i1}\quad t_{i2}\quad \cdots\quad t_{iN}\,]$，即：当 $j < k$ 时，$t_{ij} \leqslant t_{ik}$。

③本次模拟的 $k/N(G)$ 表决部件寿命 t_i 为数组 $[\,t_{i1}\quad t_{i2}\quad \cdots\quad t_{iN}\,]$ 中的第 $N-k+1$ 个数据，即：$t_i = t_{im}$，$m = N-k+1$。

2）对数据集 $\{t_i,\ 1 \leqslant i \leqslant n_{\text{sim}}\}$ 进行 Gamma 分布拟合，得到拟合结果记为 $\text{Ga}(a,\ \mu)$。拟合方法在相关数学理论中已有成熟的方法，这里不再赘述。在 Matlab 中的 Gamma 分布拟合函数为 gamfit( )。

当表决部件执行部分更换策略时，在模拟其寿命时应体现出剩余寿命的影响，具体方法如下：

①按照单元的寿命分布规律，产生 N 个随机数 t'_{i1}、t'_{i2}…t'_{iN} 构成数组 $[\,t'_{i1}\quad t'_{i2}\quad \cdots\quad t'_{iN}\,]$；

②对数组 $[\,t'_{i1}\quad t'_{i2}\quad \cdots\quad t'_{iN}\,]$ 中的数据进行从小到大的排序，得到新数组 $[\,t_{i1}\quad t_{i2}\quad \cdots\quad t_{iN}\,]$，即：当 $j < k$ 时，$t_{ij} \leqslant t_{ik}$。

③本次模拟的 $k/N(G)$ 表决部件寿命 t_i 为数组 $[\,t_{i1}\quad t_{i2}\quad \cdots\quad t_{iN}\,]$ 中的第 $N-k+1$ 个数据，即：$t_i = t_{im}$，$m = N-k+1$。

④剩余寿命模拟：根据数组 $[\,t_{i1}\quad t_{i2}\quad \cdots\quad t_{iN}\,]$ 和 t_i，得到新数组：$[\,t''_{i1}\quad t''_{i2}\quad \cdots\quad t''_{iN}\,]$，其中 $t''_{ij} = \begin{cases} 0 & j \leqslant N-k+1 \\ t_{ij} - t_i & j > N-k+1 \end{cases}$。

⑤按照单元的寿命分布规律，产生 $N-k+1$ 个随机数 t'_{i1}、t'_{i2}…t'_{im}（$m = N-k+1$），并将其填入数组 $[\,t''_{i1}\quad t''_{i2}\quad \cdots\quad t''_{iN}\,]$ 的前 $N-k+1$ 位置上，得到数组 $[\,t'_{i1}\quad t'_{i2}\quad \cdots\quad t'_{iN}\,]$，其中 $t'_{ij} = \begin{cases} t'_{ij} & j \leqslant N-k+1 \\ t''_{ij} & j > N-k+1 \end{cases}$。

⑥重复步骤②、③后，得到模拟的 $k/N(G)$ 表决部件寿命 t_{i+1}。

为了评估表决部件寿命的 Gamma 分布拟合结果的一致性情况，我们采用拟合优度检验（Goodness of Fit）方法。

拟合优度检验是一种用来检验观测数与依照某种假设或分布模型计算得到的理论数之间一致性的统计假设检验，以便判断该假设或模型是否与实际观测数相吻合。拟合优度检验一般有两种目的。

1)吻合度检验：检验观测数与理论数之间的一致性。

2)独立性检验：通过检验观测数与理论数之间的一致性来判断事件之间的独立性。

在本章中，吻合度检验是我们的目的。

拟合优度检验的流程如下：

1)将观测值分为 k 组。

2)计算 n 次观测值中每组的观测频数，记为 O_i。

3)根据变量的分布规律或概率运算法则，计算每组的理论频率 p_i、每组的理论频数 $T_i = n \times p_i$。

4)检验 O_i 与 T_i 的差异显著性，判断二者之间的不符合程度。本步骤具体如下：

①零假设：$H_0 : O - T = 0$；备择假设：$O - T \neq 0$。（这里检验的不是参数，而是判断观测数是否符合理论分布）。

②计算检验统计量——卡方值：

$$\chi_d^2 = \sum_{i=1}^{k} \frac{(O_i - T_i)^2}{T_i} \qquad (3 - 12)$$

这里要求 n 充分大，当 $n \geqslant 50$ 时（最好 $n \geqslant 100$），所定义的检验统计量近似服从 χ^2 方分布。要求 T_i 不得小于5，若小于5则将相邻的组合并，直到合并后的组的 $T_i \geqslant 5$，合并后再计算卡方值 χ_d^2。

卡方值的自由度 $d = k - a - 1$，式中，k 为合并后的组数；a 为需要由样本估计的总体参数的个数。

③建立拒绝域。拒绝域为 $W = \{\chi_d^2 \geqslant \chi_{d,\alpha}^2\}$，式中，$\chi_{d,\alpha}^2$ 为卡方分布自由度 d、显著性水平 α 的临界值。

④通过比较 χ_d^2、$\chi_{d,\alpha}^2$，给出统计学结论。

例3.2.1 表3-3所示为装备某个状态的 $n = 100$ 次观测结果，假定该状态值符合正态分布 $N(\mu, \sigma^2)$。对下列结果进行正态拟合，参数估计结果为：$\hat{\mu} = 156.1$，$\hat{\sigma} = 4.98$。采用拟合优度检验方法，问：能否接受该拟合结果？

表3-3　装备某状态的观测结果

154	165	156	158	164	148	164	164	157	155
157	150	153	153	144	156	150	159	160	158
159	158	154	154	157	167	157	158	170	166
153	161	156	141	156	145	156	159	158	161
152	155	153	153	155	162	154	157	162	149
154	162	161	156	162	151	152	161	157	159
147	155	153	151	157	156	153	158	158	155
163	154	156	163	154	158	152	148	158	163
159	152	159	155	150	159	157	155	151	153
151	155	160	156	160	155	160	150	157	150

1）根据上述观测结果，将观测值分为 k 组，k 次观测值中每组的观测频数记为 O_i，如表3-4所示。

表3-4　观测数据分组结果

组号	组界	观察频数 O_i
1	$-\infty \sim 143.5$	1
2	$143.5 \sim 146.5$	2
3	$146.5 \sim 149.5$	4
4	$149.5 \sim 152.5$	13
5	$152.5 \sim 155.5$	23
6	$155.5 \sim 158.5$	28
7	$158.5 \sim 161.5$	15
8	$161.5 \sim 164.5$	10
9	$164.5 \sim 167.5$	3
10	$167.5 \sim +\infty$	1
	总计	100

2）由于有些组的频数小于5，因此进行邻组合并，结果如表3-5所示。

表3-5　合并后的观测数据分组结果

组号	组界	观察频数 O_i
1~3	$-\infty \sim 149.5$	7
4	$149.5 \sim 152.5$	13
5	$152.5 \sim 155.5$	23
6	$155.5 \sim 158.5$	28
7	$158.5 \sim 161.5$	15
8~10	$161.5 \sim +\infty$	14
	总计	100

3)根据正态拟合结果,计算每组的理论频率 p_i、每组的理论频数 $T_i = n \times p_i$,如表3-6所示。

表3-6　观测数据的分组、频数结果

组号	组界	观察频数 O_i	理论频率	理论频数 T_i
1~3	$-\infty \sim 149.5$	7	0.093	9.25
4	$149.5 \sim 152.5$	13	0.142	14.23
5	$152.5 \sim 155.5$	23	0.217	21.72
6	$155.5 \sim 158.5$	28	0.233	23.30
7	$158.5 \sim 161.5$	15	0.176	17.58
8~10	$161.5 \sim +\infty$	14	0.139	13.91
	总计	100	1.00	100

4)检验 O_i 与 T_i 的差异显著性。

由于合并后的组数 $k = 6$,且样本估计了正态分布的2个参数,因此自由度 $d = k - 2 - 1 = 3$,计算卡方值 $\chi_d^2 = \sum_{i=1}^{k} \frac{(O_i - T_i)^2}{T_i} = 2.058$,$\chi_{3,0.05}^2 = 7.815$。由于拒绝域为 $W = \{\chi_d^2 \geqslant \chi_{3,0.05}^2\}$,而 $\chi_d^2 = 2.058 < 7.815$,因此可以认为该状态值符合正态分布 $N(156.1, 4.98^2)$。

3.2.2　指数单元表决部件

如果构成表决部件的单元为指数单元,我们称该部件为指数单元表决部件。

我们首先看看，用 Gamma 分布来拟合指数单元表决部件寿命的拟合贴近情况。

表 3 - 7 所示为 $N = 5$，$k = 1 \sim 5$，单元平均寿命 $\mu = 1000$，$k/N(G)$ 表决部件寿命的 Gamma 分布拟合结果 $Ga(\hat{a}_1，\hat{\mu}_1)$ 和卡方检验结果。

表 3 - 7　$k/5(G)$ 表决部件的卡方检验结果

$k/N(G)$	$\hat{a}_1$	$\hat{\mu}_1$	χ_d^2	$\chi_{d,0.05}^2$	检验结果 0 = 拒绝，1 = 接受
$1/5(G)$	3.879	592.7	124.6	141.0	1
$2/5(G)$	3.551	361.1	125.1	146.6	1
$3/5(G)$	2.895	273.4	97.0	133.3	1
$4/5(G)$	1.993	227.9	97.7	122.1	1
$5/5(G)$	1.035	192.4	91.8	109.8	1

表 3 - 8 所示为 $N = 10$，$k = 1 \sim 10$，$k/N(G)$ 表决部件寿命的 Gamma 分布来拟合结果 $Ga(\hat{a}_1，\hat{\mu}_1)$ 和卡方检验结果。

表 3 - 8　$k/10(G)$ 表决部件的卡方检验结果

$k/N(G)$	$\hat{a}_1$	$\hat{\mu}_1$	χ_d^2	$\chi_{d,0.05}^2$	检验结果 0 = 拒绝，1 = 接受
$1/10(G)$	6.126	477.5	188.5	139.9	0
$2/10(G)$	7.266	268.0	116.6	137.7	1
$3/10(G)$	6.862	207.4	121.1	136.6	1
$4/10(G)$	6.375	170.6	143.7	154.3	1
$5/10(G)$	5.758	146.6	119.9	151.0	1
$6/10(G)$	4.957	131.7	127.6	145.5	1
$7/10(G)$	3.860	123.9	97.7	134.4	1
$8/10(G)$	2.876	117.1	121.1	143.2	1
$9/10(G)$	1.986	106.0	91.7	114.3	1
$10/10(G)$	1.016	99.5	104.5	122.1	1

$N/N(G)$ 指数单元表决部件的可靠性结构就是串联，由 N 个指数单元组成的串联部件（单元寿命 μ），寿命仍然服从指数分布，部件平均寿命为 $\dfrac{\mu}{N}$。由于指数分布是一种特殊的 Gamma 分布，因此 $N/N(G)$ 指数单元表

决部件的寿命实际上就是 Gamma 分布。这与我们发现的下面现象相一致：从对 $k/N(G)$ 指数单元表决部件的寿命进行 Gamma 分布拟合以及卡方检验结果来看，k 越大越容易"接受"Gamma 分布拟合结果，k 越小越容易"拒绝"Gamma 分布拟合结果，尤其是当 N 较大、$k = 1$ 时。

即便是 $N/N(G)$ 指数单元表决部件，有时也会出现卡方检验结果为"拒绝"的情况，这与 $N/N(G)$ 指数单元表决部件的寿命实际上就是 Gamma 分布的理论结果是矛盾的。但考虑到卡方值服从 χ^2 分布是一种统计规律，并不是确定性规律，因此还是需要用"或然"的观念来对待卡方检验结果，不可盲目尽信其结论。

当然，能否"接受"拟合结果，除了受随机模拟部件寿命、卡方值服从 χ^2 分布这些随机因素影响外，显著性水平 α 的取值大小也有较大影响，显然 $\alpha = 0.1$ 比 $\alpha = 0.05$ 更容易"接受"拟合结果，而合理的显著性水平 α 值则取决于我们对拟合质量要求的高低，具有一定的主观性。

例 3. 2. 2 某 $k/N(G)$ 表决部件由 N 个同类单元组成，单元寿命服从指数分布 $\exp(\mu)$，备件批次为 S_1，每次更换备件的数量为 S_2，备件数量为 $S = S_1 \times S_2$，保障任务时间为 T_w。请用 Gamma 等效评估法计算其保障任务成功率和使用可用度，并与模拟结果进行对比。

参数为：$k = 2$，$N = 5$，单元平均寿命 $\mu = 1000$，备件批次 $S_1 = 3$，每次更换备件的数量 $S_2 = 4$，保障任务时间 T_w 的取值范围为 1000 ~ 10000。

由于寿命服从指数分布的单元，其剩余寿命等于平均寿命，因此其部分更换效果等同于整体更换效果。所以本题在模拟该表决部件的寿命时，采用与前面整体更换策略对应的方法。

首先，按照前面介绍的方法，模拟得到表决部件的寿命后，进行 Gamma 分布拟合，得到拟合结果记为 $Ga(3.66, 349.4)$。

根据 Gamma 分布的卷积特性，在 S_1 批次备件支持下，该部件的累积工作时间服从 $Ga(3.66 \times (1 + S_1), 349.4)$ 分布，则保障任务成功率或备件保障概率 P_s 就是 $Ga(3.66 \times (1 + S_1), 349.4)$ 分布的可靠度 $R(T_w)$，因此：

$$P_s = R(T_w) = 1 - \frac{1}{349.4^{3.66 \times (1 + S_1)} \Gamma(3.66 \times (1 + S_1))} \int_0^{T_w} t^{3.66 \times (1 + S_1) - 1} e^{\frac{-t}{349.4}} dt$$

在 Matlab 中，利用计算 Gamma 分布的失效度函数 gamcdf( )，上式可表达为：

$$P_s = R(T_w) = 1 - \text{gamcdf}(T_w, 3.66 \times (1 + S_1), 349.4)$$

由于使用可用度是平均保障概率，因此该部件在保障任务期间的使用可用度 P_a 为：

$$P_a = \frac{1}{T_w} \int_0^{T_w} P_s(t) \, dt = \frac{1}{T_w} \int_0^{T_w} R(t) \, dt$$

在 Matlab 中，可利用积分函数 quad( ) 完成对使用可用度 P_a 的计算。

表 3 – 9 所示为分别使用模拟法和 Gamma 等效评估法的结果。

表 3 – 9　使用可用度的模拟结果和 Gamma 等效评估结果

保障时间	使用可用度		保障任务成功率	
	模拟法	Gamma 等效评估法	模拟法	Gamma 等效评估法
1000	1.000	1.000	1.000	1.000
1500	1.000	1.000	1.000	1.000
2000	1.000	1.000	0.999	0.999
2500	0.999	0.999	0.992	0.990
3000	0.996	0.996	0.967	0.966
3500	0.988	0.987	0.900	0.899
4000	0.968	0.969	0.785	0.787
4500	0.942	0.944	0.648	0.659
5000	0.906	0.905	0.504	0.497
5500	0.864	0.863	0.363	0.359
6000	0.817	0.822	0.246	0.249
6500	0.768	0.767	0.159	0.151
7000	0.721	0.728	0.092	0.093
7500	0.682	0.683	0.057	0.053
8000	0.640	0.639	0.033	0.027
8500	0.602	0.608	0.018	0.015
9000	0.569	0.570	0.008	0.007
9500	0.538	0.543	0.004	0.004
10000	0.515	0.511	0.003	0.001

在对 $k/N(G)$ 指数单元表决部件的寿命进行 Gamma 分布拟合的实践中，发现拟合结果 $\text{Ga}(\hat{a}_1, \hat{\mu}_1)$ 中有 $\hat{a}_1 \approx N - k + 1$ 的现象，尤其是当 $k \geqslant \dfrac{N}{2}$

时该现象更明显。由于 $k/N(G)$ 指数单元的表决部件,其部件的平均寿命可由下式计算(λ 为指数单元的失效率)。

$$\text{MTTF} = \frac{1}{\lambda} \sum_{i=0}^{N-k} \frac{1}{N-i} \qquad (3-13)$$

对 Gamma 分布 $\text{Ga}(\hat{a}_1, \hat{\mu}_1)$ 而言,其 $\text{MTTF} = \hat{a}_1 \times \hat{\mu}_1$,因此可以给出一个对 $k/N(G)$ 指数单元表决部件的寿命进行 Gamma 分布拟合的近似结果,如下:

$$\begin{cases} \hat{a}_1 = N - k + 1 \\ \hat{\mu}_1 = \dfrac{\dfrac{1}{\lambda} \sum\limits_{i=0}^{N-k} \dfrac{1}{N-i}}{N-k+1} \end{cases} \qquad (3-14)$$

在此基础上,利用 Gamma 分布的卷积特性进行备件方案的保障效果评估计算,我们将该方法称之为近似 Gamma 等效评估法。

图 3 – 6 所示为例 3.2.2 中使用模拟法、Gamma 等效评估法和近似 Gamma 等效评估法的结果比较图。

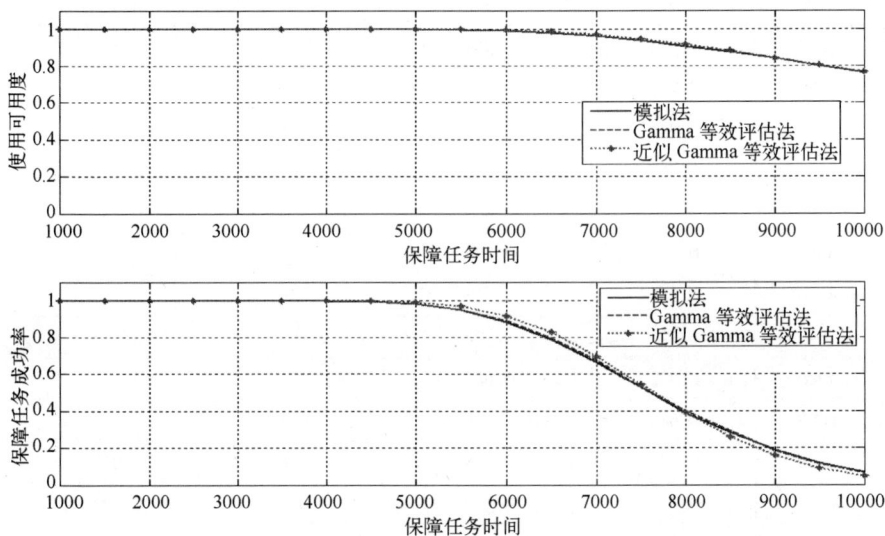

图 3-6　三种使用可用度和保障任务成功率结果的比较图

结果显示:近似 Gamma 等效评估法的评估准确性虽稍逊于 Gamma 等效评估法,但仍然较为接近模拟法结果,不失为一种较好的工程近似法。

3.2.3 Gamma 单元表决部件

如果构成表决部件的单元为 Gamma 单元，该部件为 Gamma 单元表决部件。首先看看，用 Gamma 分布来拟合 Gamma 单元表决部件寿命的拟合贴近情况。

单元寿命服从 Gamma 分布 $Ga(a_0, \mu_0)$。表 3 - 10 和表 3 - 11 所示分别为部分更换和整体更换时，$a_0 = 2.3$，$\mu_0 = 1000$，$N = 5$，$k = 1 \sim 5$，$k/N(G)$ 表决部件寿命的 Gamma 分布拟合结果 $Ga(\hat{a}_1, \hat{\mu}_1)$ 和卡方检验结果。

表 3 - 10 Gamma 单元：部分换件结果

$k/N(G)$	$\hat{a}_1$	$\hat{\mu}_1$	χ_d^2	$\chi_{d,0.1}^2$	检验结果 0 = 拒绝，1 = 接受
$1/5(G)$	7.467	572.1	236.5	94.8	0
$2/5(G)$	7.411	360.3	141.6	91.2	0
$3/5(G)$	5.514	316.4	123.1	166.4	1
$4/5(G)$	2.972	345.4	292.1	92.1	0
$5/5(G)$	1.291	355.6	282.8	80.6	0

表 3 - 11 Gamma 单元：整体换件结果

$k/N(G)$	$\hat{a}_1$	$\hat{\mu}_1$	χ_d^2	$\chi_{d,0.1}^2$	检验结果 0 = 拒绝，1 = 接受
$1/5(G)$	7.861	537.7	284.1	89.5	0
$2/5(G)$	8.256	347.3	147.6	152.1	1
$3/5(G)$	7.402	280.6	115.4	132.1	1
$4/5(G)$	5.558	262.3	155.3	159.8	1
$5/5(G)$	2.981	296.1	164.6	104.7	0

图 3 - 7 ~ 图 3 - 11 所示分别为部分更换和整体更换时，$a_0 = 2.3$，$\mu_0 = 1000$，$N = 5$，$k = 1 \sim 5$，$k/N(G)$ 表决部件寿命的模拟分布情况和拟合结果 $Ga(\hat{a}_1, \hat{\mu}_1)$ 的理论寿命分布情况。

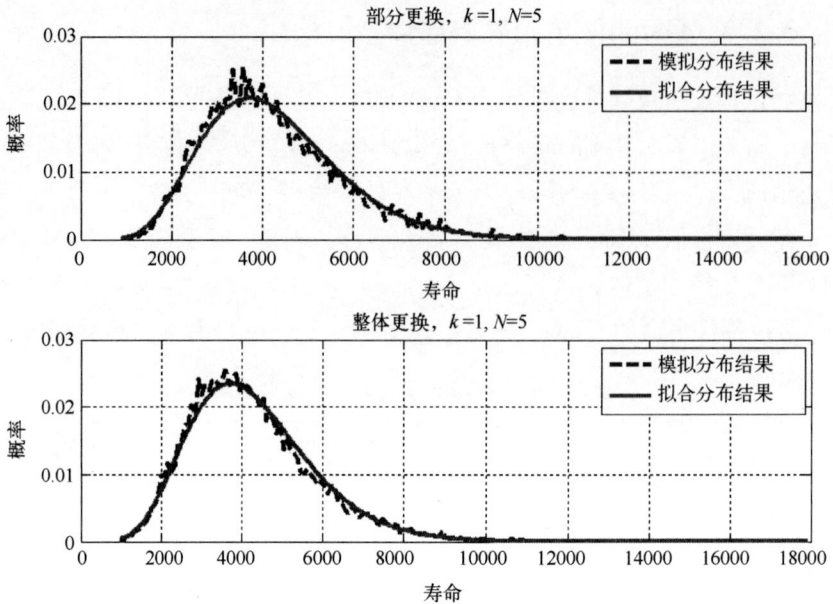

图3-7 Gamma单元：1/5(G)表决部件寿命的模拟分布结果和拟合分布结果

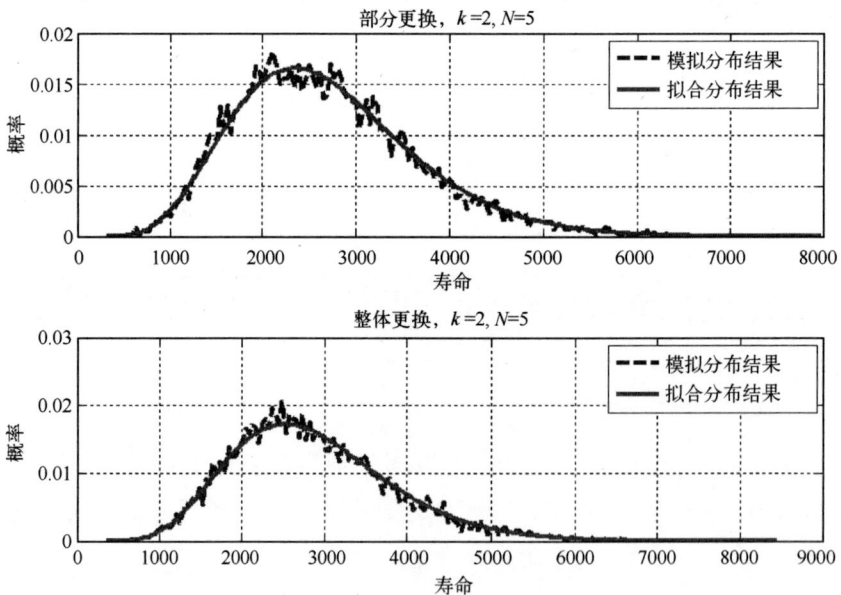

图3-8 Gamma单元：2/5(G)表决部件寿命的模拟分布结果和拟合分布结果

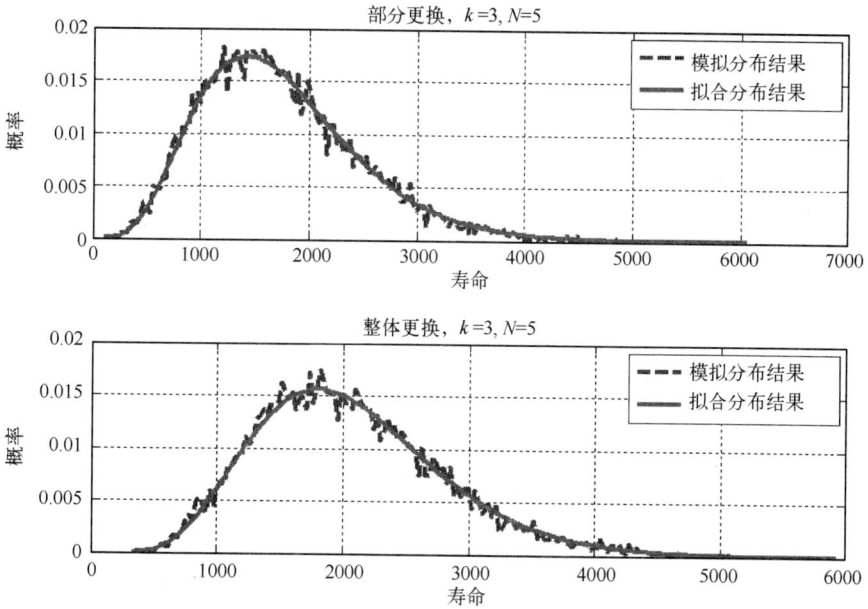

图 3-9　Gamma 单元：3/5(G) 表决部件寿命的模拟分布结果和拟合分布结果

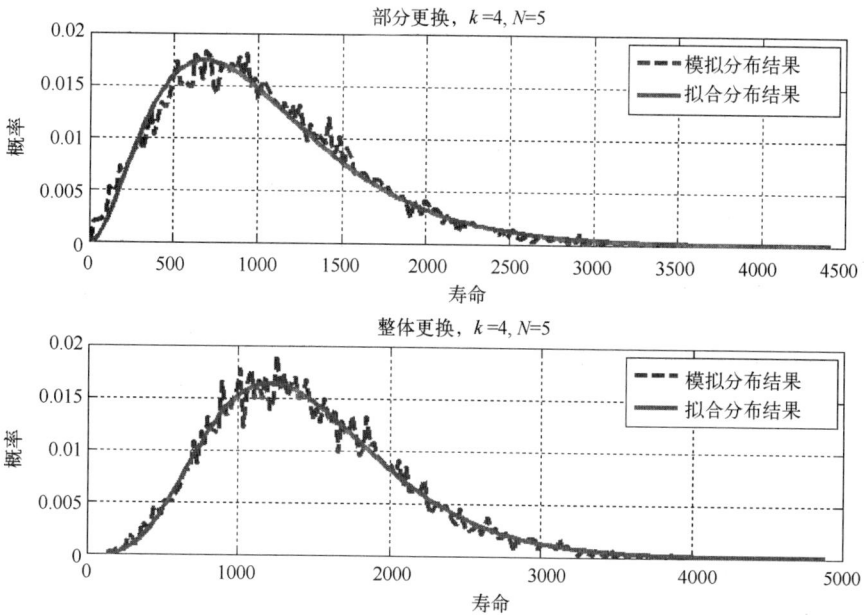

图 3-10　Gamma 单元：4/5(G) 表决部件寿命的模拟分布结果和拟合分布结果

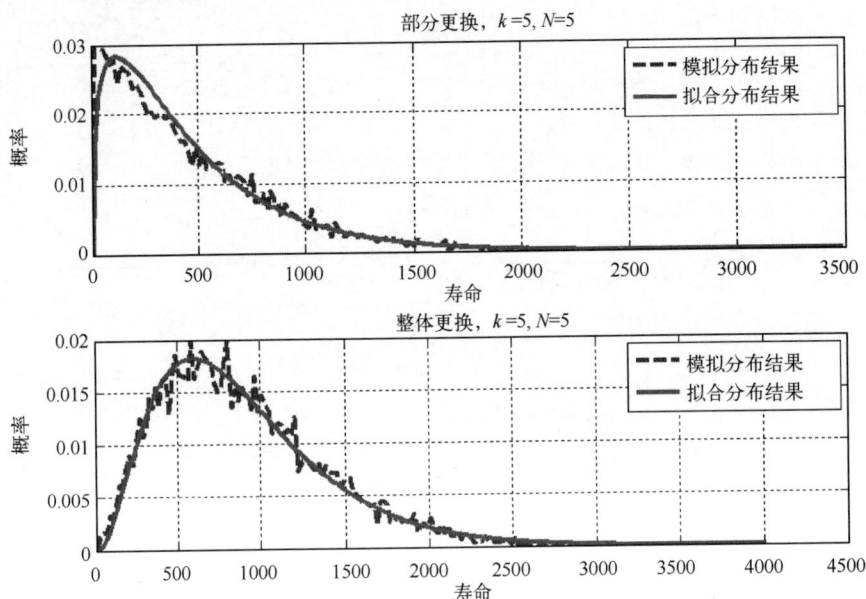

图3-11　Gamma单元：5/5(G)表决部件寿命的模拟分布结果和拟合分布结果

大量模拟结果表明：

1) 卡方检验结果表明：与指数单元表决部件相比，Gamma单元表决部件寿命的Gamma拟合质量要差一些。

2) 对Gamma单元$k/N(G)$表决部件，k取值在$\frac{N}{2}$附近时，其部件寿命的Gamma拟合质量要好于k在1或N附近的取值。

3) 整体更换时，Gamma单元表决部件寿命的Gamma拟合质量要好于部分更换。

4) 即便卡方检验结果为"拒绝"，部件寿命的拟合分布趋势与模拟的寿命分布趋势仍然可以认为是一致的。

例3.2.3 某$k/N(G)$表决部件由N个同类单元组成，单元寿命服从Gamma分布$Ga(a_0, \mu_0)$，备件批次为S_1，每次更换备件的数量为S_2（部分更换时$S_2 = N - k + 1$，整体更换时$S_2 = N$），备件数量为$S = S_1 \times S_2$，保障任务时间为T_w。请用Gamma等效评估法计算其保障任务成功率和使用可用度，并与模拟结果进行对比。

参数为：$k = 2$，$N = 5$，单元寿命分布参数$a_0 = 2.3$，$\mu_0 = 1000$，备件批次$S_1 = 3$，每次更换备件的数量部分更换时$S_2 = 4$、整体更换时$S_2 = 5$，

保障任务时间 T_w 的取值范围为 $1000 \sim 40000$。

首先，按照前面介绍的方法，按照部分更换和整体更换两种情况，分别模拟得到表决部件的寿命后，进行 Gamma 分布拟合，得到拟合结果分别记为 $Ga(7.51,355.8)$、$Ga(8.53,333.3)$。下面以部分更换拟合结果 $Ga(7.51,355.8)$ 为例来阐述。

根据 Gamma 分布的卷积特性，在 S_1 批次备件支持下，该部件的累积工作时间服从 $Ga(7.51 \times (1 + S_1),355.8)$ 分布，则保障任务成功率或备件保障概率 P_s 就是 $Ga(7.51 \times (1 + S_1),355.8)$ 分布的可靠度 $R(T_w)$，因此

$$P_s = R(T_w) = 1 - \frac{1}{355.8^{7.51 \times (1+S_1)} \Gamma(7.51 \times (1 + S_1))} \int_0^{T_w} t^{7.51 \times (1+S_1) - 1} e^{\frac{-t}{355.8}} dt$$

在 Matlab 中，利用计算 Gamma 分布的失效度函数 gamcdf( )，上式可表达为：

$$P_s = R(T_w) = 1 - gamcdf(T_w, 7.51 \times (1 + S_1), 355.8)$$

由于使用可用度是平均保障概率，因此该部件在保障任务期间的使用可用度 P_a 为：

$$P_a = \frac{1}{T_w} \int_0^{T_w} P_s(t) dt = \frac{1}{T_w} \int_0^{T_w} R(t) dt$$

在 Matlab 中，可利用积分函数 quad( )完成对使用可用度 P_a 的计算。

表 3 - 12 所示为分别使用模拟法和 Gamma 等效评估法的结果。

表 3 - 12　**Gamma 单元表决部件：保障效果的模拟结果和 Gamma 等效评估结果**

任务时间	部分更换				整体更换			
	使用可用度		保障任务成功率		使用可用度		保障任务成功率	
	模拟法	Gamma 等效评估法	模拟法	Gamma 等效评估法	模拟法	Gamma 等效评估法	模拟法	Gamma 等效评估法
1000	1.000	1.000	1.000	1.000	1.000	1.000	1.000	1.000
2000	1.000	1.000	1.000	1.000	1.000	1.000	1.000	1.000
3000	1.000	1.000	1.000	1.000	1.000	1.000	1.000	1.000
4000	1.000	1.000	1.000	1.000	1.000	1.000	1.000	1.000
5000	1.000	1.000	1.000	1.000	1.000	1.000	1.000	1.000
6000	1.000	1.000	0.999	0.998	1.000	1.000	1.000	1.000
7000	0.999	0.999	0.989	0.984	1.000	1.000	0.995	0.995
8000	0.996	0.995	0.944	0.935	0.998	0.998	0.969	0.970
9000	0.985	0.980	0.835	0.799	0.991	0.991	0.898	0.896
10000	0.963	0.955	0.664	0.628	0.975	0.976	0.756	0.764

任务时间	部分更换				整体更换			
	使用可用度		保障任务成功率		使用可用度		保障任务成功率	
	模拟法	Gamma 等效评估法	模拟法	Gamma 等效评估法	模拟法	Gamma 等效评估法	模拟法	Gamma 等效评估法
11000	0.925	0.917	0.459	0.429	0.947	0.948	0.559	0.562
12000	0.877	0.864	0.262	0.236	0.905	0.908	0.360	0.374
13000	0.827	0.811	0.145	0.121	0.857	0.858	0.206	0.205
14000	0.772	0.764	0.058	0.057	0.809	0.807	0.103	0.100
15000	0.723	0.712	0.025	0.022	0.757	0.758	0.043	0.042
16000	0.679	0.671	0.011	0.008	0.712	0.706	0.019	0.015
17000	0.641	0.631	0.004	0.002	0.670	0.675	0.008	0.006
18000	0.605	0.597	0.001	0.001	0.635	0.632	0.003	0.002
19000	0.572	0.565	0.000	0.000	0.602	0.603	0.001	0.001
20000	0.546	0.536	0.000	0.000	0.571	0.571	0.000	0.000
21000	0.520	0.514	0.000	0.000	0.545	0.543	0.000	0.000
22000	0.496	0.488	0.000	0.000	0.520	0.517	0.000	0.000
23000	0.473	0.468	0.000	0.000	0.498	0.496	0.000	0.000
24000	0.454	0.447	0.000	0.000	0.478	0.477	0.000	0.000
25000	0.435	0.430	0.000	0.000	0.456	0.455	0.000	0.000
26000	0.419	0.411	0.000	0.000	0.439	0.438	0.000	0.000
27000	0.405	0.399	0.000	0.000	0.421	0.422	0.000	0.000
28000	0.390	0.383	0.000	0.000	0.408	0.407	0.000	0.000
29000	0.376	0.371	0.000	0.000	0.394	0.394	0.000	0.000
30000	0.364	0.359	0.000	0.000	0.381	0.381	0.000	0.000
31000	0.351	0.346	0.000	0.000	0.368	0.370	0.000	0.000
32000	0.341	0.335	0.000	0.000	0.358	0.357	0.000	0.000
33000	0.330	0.325	0.000	0.000	0.347	0.348	0.000	0.000
34000	0.320	0.317	0.000	0.000	0.336	0.335	0.000	0.000
35000	0.312	0.308	0.000	0.000	0.327	0.327	0.000	0.000
36000	0.302	0.299	0.000	0.000	0.318	0.319	0.000	0.000
37000	0.295	0.290	0.000	0.000	0.309	0.311	0.000	0.000
38000	0.287	0.283	0.000	0.000	0.301	0.301	0.000	0.000
39000	0.280	0.274	0.000	0.000	0.294	0.296	0.000	0.000
40000	0.272	0.268	0.000	0.000	0.286	0.286	0.000	0.000

从结果来看，Gamma 等效评估法结果和模拟法结果具有很高的一致性。

图 3-12~图 3-16 所示为 $k=1\sim5$，$N=5$，其他参数不变的情况下，Gamma 等效评估法和模拟法的结果对比情况。

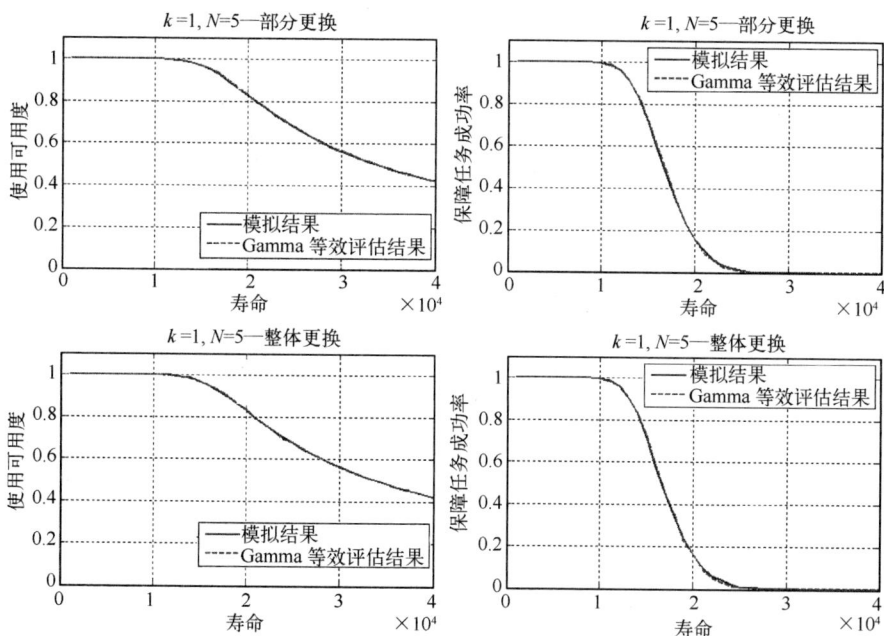

图3-12　Gamma单元1/5(*G*)表决部件：保障效果的模拟结果和Gamma等效评估结果

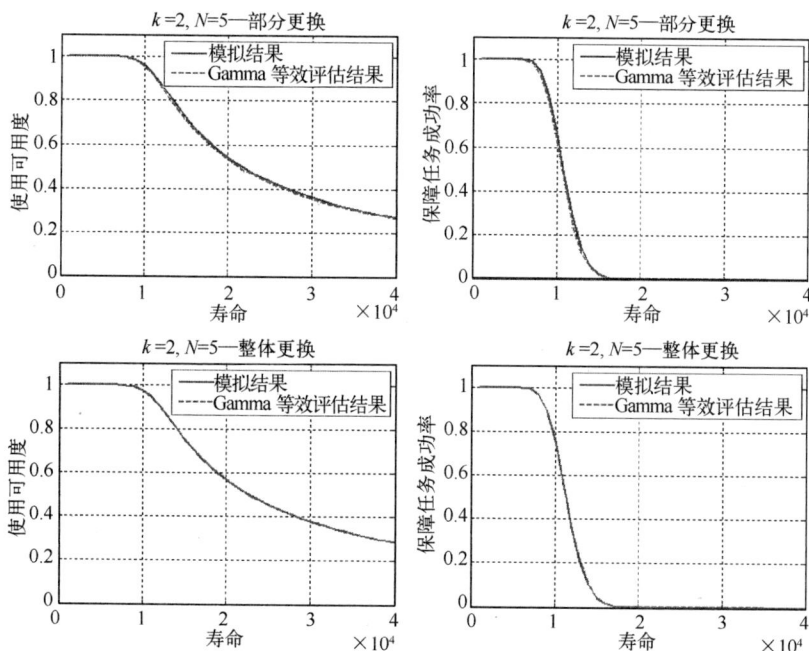

图3-13　Gamma单元2/5(*G*)表决部件：保障效果的模拟结果和Gamma等效评估结果

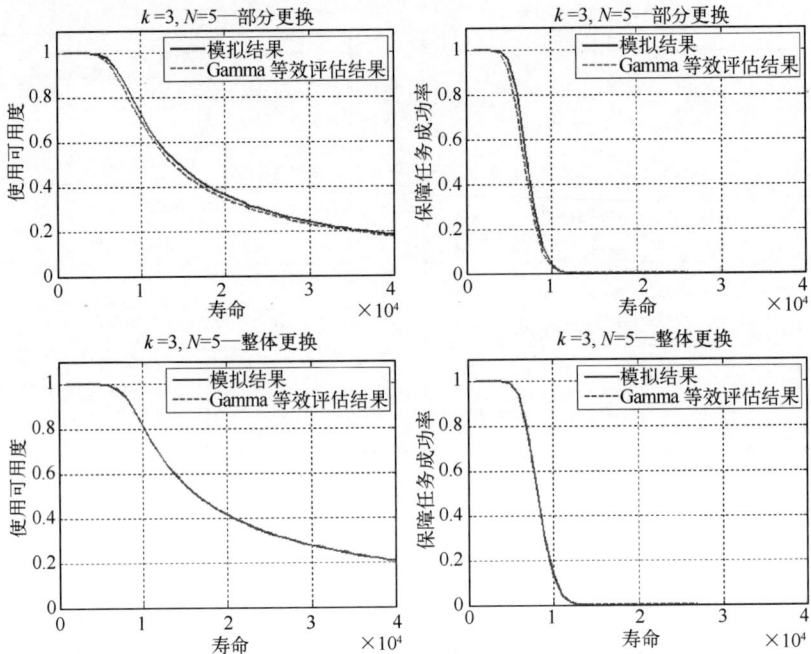

图3-14　Gamma 单元 3/5(G) 表决部件：保障效果的模拟结果和 Gamma 等效评估结果

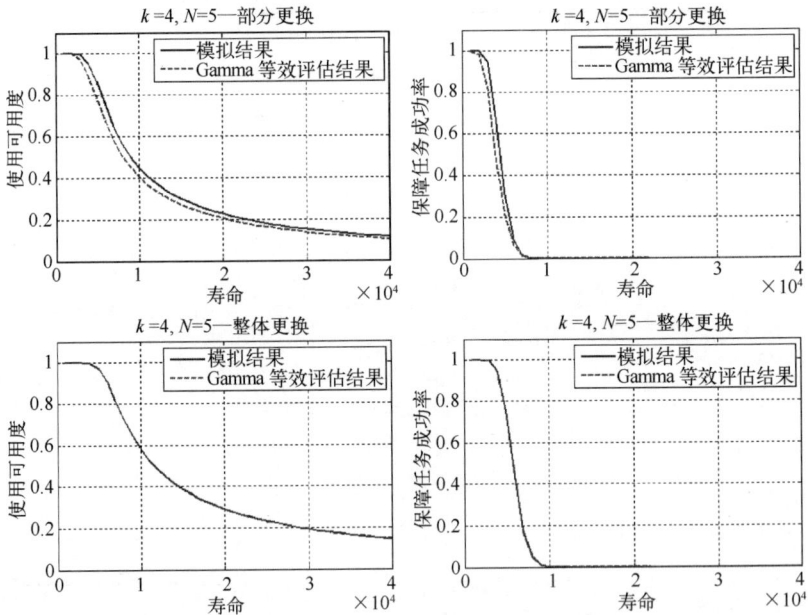

图3-15　Gamma 单元 4/5(G) 表决部件：保障效果的模拟结果和 Gamma 等效评估结果

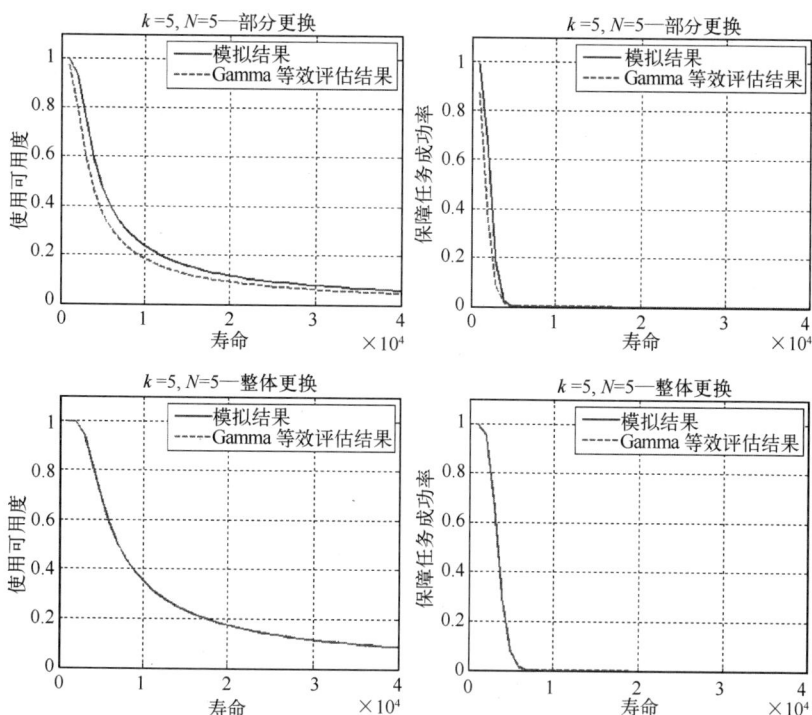

图3-16　Gamma单元5/5(G)表决部件：保障效果的模拟结果和Gamma等效评估结果

对上述结果中的使用可用度P_a和保障任务成功率P_s进行误差统计，结果如表3-13所示。

表3-13　Gamma单元表决部件保障效果的误差统计结果

	最大误差				最小误差			
	部分更换		整体更换		部分更换		整体更换	
	P_a	P_s	P_a	P_s	P_a	P_s	P_a	P_s
$k=1$	0.007	0.018	0.006	0.013	−0.004	−0.017	−0.007	−0.016
$k=2$	0.000	0.000	0.005	0.012	−0.015	−0.041	−0.002	−0.008
$k=3$	0.000	0.000	0.003	0.012	−0.036	−0.093	−0.003	−0.011
$k=4$	0.000	0.001	0.003	0.009	−0.080	−0.191	−0.004	−0.007
$k=5$	−0.014	0.000	0.003	0.009	−0.161	−0.284	−0.005	−0.007

	误差均值				误差根方差			
	部分更换		整体更换		部分更换		整体更换	
	P_a	P_s	P_a	P_s	P_a	P_s	P_a	P_s
$k=1$	0.001	0.000	0.000	0.000	0.002	0.005	0.002	0.005
$k=2$	−0.006	−0.005	0.000	0.000	0.004	0.010	0.001	0.003
$k=3$	−0.015	−0.008	0.000	0.000	0.009	0.023	0.001	0.003
$k=4$	−0.027	−0.012	0.000	0.000	0.019	0.039	0.002	0.002
$k=5$	−0.040	−0.013	0.000	0.000	0.036	0.050	0.001	0.002

从以上结果可以发现：

1）Gamma 等效评估法的结果与模拟法有着较好的一致性，二者有着一样的变化趋势。Gamma 等效评估法的评估准确性足以用于定性评估保障效果。

2）在定量评估保障效果时，Gamma 等效评估法的较大评估误差出现在实际可用度为中等时，在实际可用度很高和较低的情况下，Gamma 等效评估法的误差较小。

3）与部分更换相比，整体更换情况下的 Gamma 等效评估法的评估准确性更高，足以用于定量评估保障效果。

4）随着 $k/N(G)$ 表决部件参数 k 的增大，无论是部分更换还是整体更换，Gamma 等效评估法的评估准确性都有所降低。

3.2.4 威布尔单元表决部件

如果构成表决部件的单元寿命服从威布尔分布，我们称之为威布尔单元表决部件。

我们首先看看，用 Gamma 分布来拟合威布尔单元表决部件寿命的拟合贴近情况。

单元寿命服从威布尔分布 $W(\mu_0, a_0)$。表 3-14 和表 3-15 所示分别为部分更换和整体更换时，$\mu_0 = 1000$，$a_0 = 2.3$，$N = 5$，$k = 1 \sim 5$，$k/N(G)$ 表决部件寿命的 Gamma 分布拟合结果 $Ga(\hat{a}_1, \hat{\mu}_1)$ 和卡方检验结果。

表 3-14　威布尔单元表决部件：部分换件结果

$k/N(G)$	$\hat{a}_1$	$\hat{\mu}_1$	χ_d^2	$\chi_{d,0.1}^2$	检验结果 0=拒绝，1=接受
1/5(G)	19.05	72.7	160.4	166.4	1
2/5(G)	14.33	69.8	300.0	102.0	0
3/5(G)	7.80	85.5	436.9	124.5	0
4/5(G)	3.13	126.0	551.1	116.4	0
5/5(G)	1.42	124.8	595.4	88.6	0

表 3-15　威布尔单元表决部件：整体换件结果

$k/N(G)$	$\hat{a}_1$	$\hat{\mu}_1$	χ_d^2	$\chi_{d,0.1}^2$	检验结果 0 = 拒绝，1 = 接受
$1/5(G)$	18.88	73.6	184.9	115.5	0
$2/5(G)$	17.76	60.4	209.7	112.8	0
$3/5(G)$	13.65	63.2	368.2	106.5	0
$4/5(G)$	9.15	72.8	386.8	119.1	0
$5/5(G)$	4.00	109.5	656.0	120.9	0

图 3-17 ~ 图 3-21 所示分别为部分更换和整体更换时，$\mu_0 = 1000$，$a_0 = 2.3$，$N = 5$，$k = 1 \sim 5$，$k/N(G)$ 表决部件寿命的模拟分布情况和拟合结果 $\mathrm{Ga}(\hat{a}_1, \hat{\mu}_1)$ 的理论寿命分布情况。

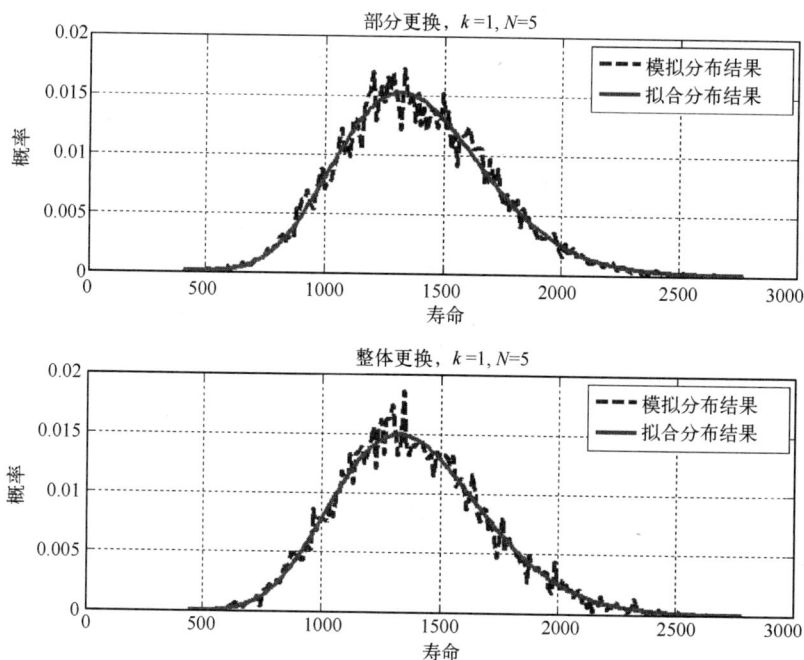

图 3-17　威布尔单元 $1/5(G)$ 表决部件：寿命的模拟分布结果和 Gamma 拟合分布结果

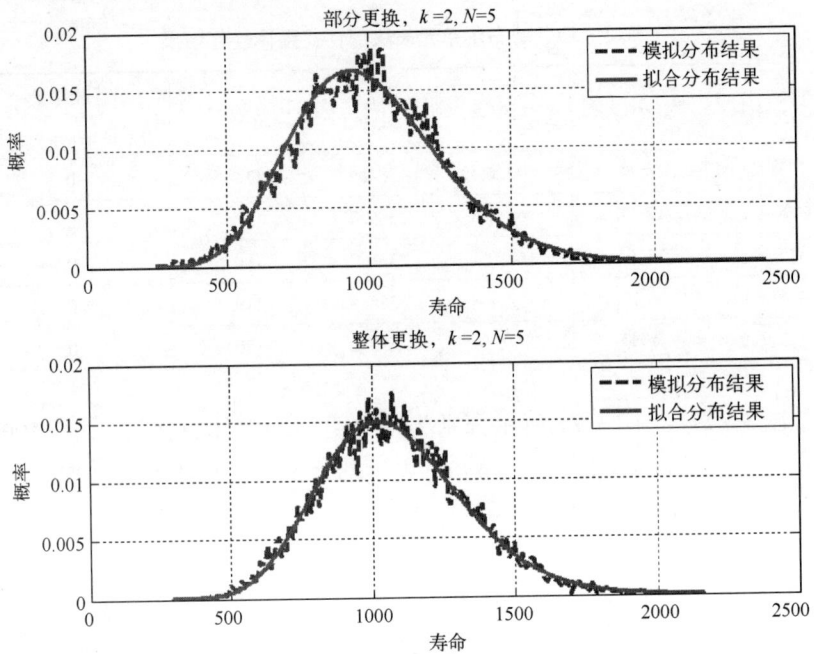

图 3-18　威布尔单元 $2/5(G)$ 表决部件：寿命的模拟分布结果和 Gamma 拟合分布结果

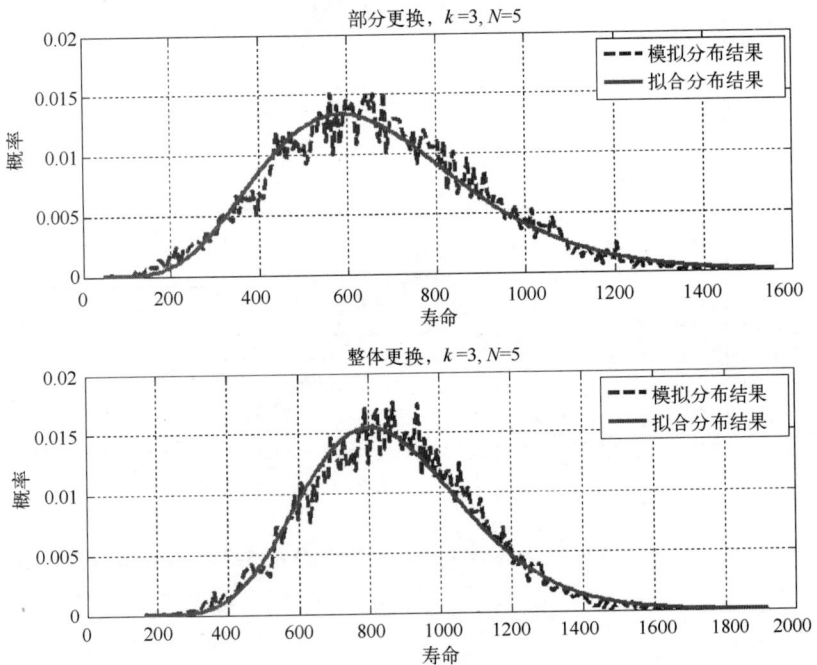

图 3-19　威布尔单元 $3/5(G)$ 表决部件：寿命的模拟分布结果和 Gamma 拟合分布结果

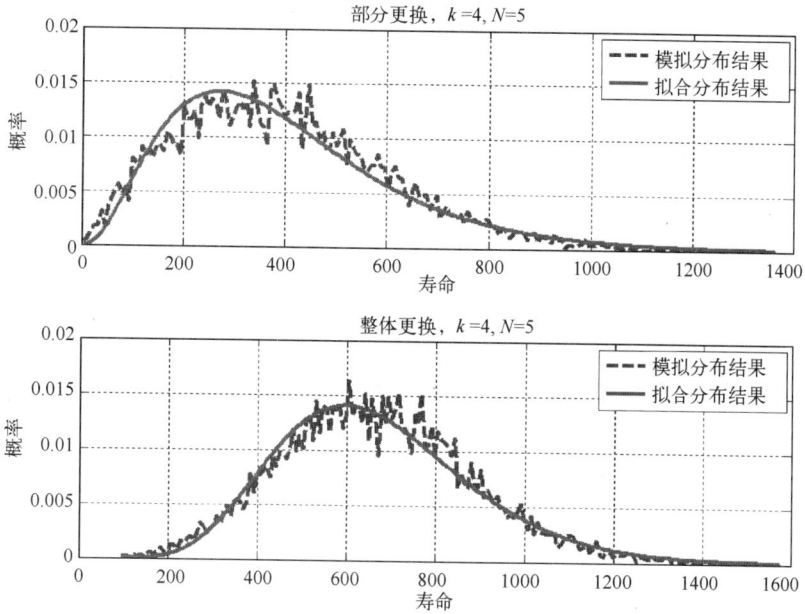

图 3−20 威布尔单元 4/5(G) 表决部件：寿命的模拟分布结果和 Gamma 拟合分布结果

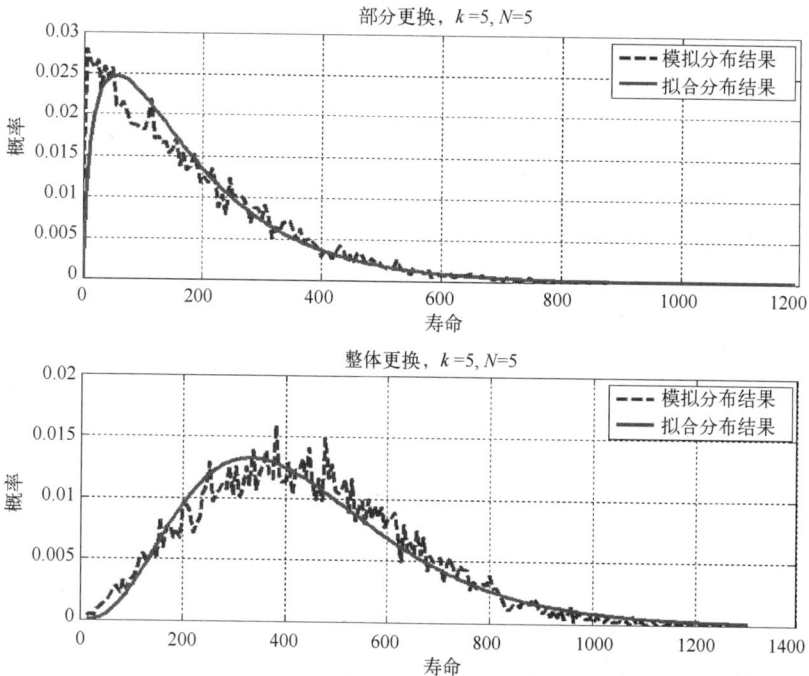

图 3−21 威布尔单元 5/5(G) 表决部件：寿命的模拟分布结果和 Gamma 拟合分布结果

大量模拟结果表明:

1)卡方检验结果表明:与指数单元表决部件相比,威布尔单元表决部件寿命的 Gamma 拟合质量更差一些。

2)即便卡方检验结果为"拒绝",部件寿命的拟合分布趋势与模拟的寿命分布趋势仍然可以认为是一致的。

例 3.2.4 某 $k/N(G)$ 表决部件由 N 个同类单元组成,单元寿命服从威布尔分布 $W(\mu_0, a_0)$,备件批次为 S_1,每次更换备件的数量为 S_2(部分更换时 $S_2 = N - k + 1$,整体更换时 $S_2 = N$),备件数量为 $S = S_1 \times S_2$,保障任务时间为 T_w。请用 Gamma 等效评估法计算其保障任务成功率和使用可用度,并与模拟结果进行对比。

参数为: $k = 2$, $N = 5$,单元寿命分布参数 $\mu_0 = 1000$, $a_0 = 2.3$,备件批次 $S_1 = 3$,每次更换备件的数量部分更换时 $S_2 = 4$、整体更换时 $S_2 = 5$,保障任务时间 T_w 的取值范围为 $1000 \sim 40000$。

首先,按照前面介绍的方法,按照部分更换和整体更换两种情况,分别模拟得到表决部件的寿命后,进行 Gamma 分布拟合,得到拟合结果分别记为 Ga(14.37, 69.7)、Ga(18.04, 59.7)。下面以部分更换拟合结果 Ga(14.37, 69.7)为例来阐述。

根据 Gamma 分布的卷积特性,在 S_1 批次备件支持下,该部件的累积工作时间服从 Ga(14.37 × (1 + S_1), 69.7)分布,则保障任务成功率或备件保障概率 P_s 就是 Ga(14.37 × (1 + S_1), 69.7)分布的可靠度 $R(T_w)$,因此:

$$P_s = R(T_w) = 1 - \frac{1}{69.7^{14.37 \times (1+S_1)} \Gamma(14.37 \times (1 + S_1))} \int_0^{T_w} t^{14.37 \times (1+S_1) - 1} e^{\frac{-t}{69.7}} \mathrm{d}t$$

在 Matlab 中,利用计算 Gamma 分布的失效度函数 gamcdf( ),上式可表达为:

$$P_s = R(T_w) = 1 - \mathrm{gamcdf}(T_w, 14.37 \times (1 + S_1), 69.7)$$

由于使用可用度是平均保障概率,因此该部件在保障任务期间的使用可用度 P_a 为:

$$P_a = \frac{1}{T_w} \int_0^{T_w} P_s(t) \mathrm{d}t = \frac{1}{T_w} \int_0^{T_w} R(t) \mathrm{d}t$$

在 Matlab 中,可利用积分函数 quad( )完成对使用可用度 P_a 的计算。

表 3-16 所示为分别使用模拟法和 Gamma 等效评估法的结果。

表3-16 威布尔单元表决部件：保障效果的模拟结果和Gamma等效评估结果

任务时间	部分更换				整体更换			
	使用可用度		保障任务成功率		使用可用度		保障任务成功率	
	模拟法	Gamma等效评估法	模拟法	Gamma等效评估法	模拟法	Gamma等效评估法	模拟法	Gamma等效评估法
1000	1.000	1.000	1.000	1.000	1.000	1.000	1.000	1.000
2000	1.000	1.000	1.000	1.000	1.000	1.000	1.000	1.000
3000	0.999	0.999	0.988	0.980	1.000	1.000	0.997	0.997
4000	0.959	0.947	0.548	0.477	0.979	0.981	0.717	0.729
5000	0.813	0.799	0.039	0.038	0.855	0.854	0.085	0.088
6000	0.680	0.666	0.000	0.000	0.719	0.720	0.001	0.001
7000	0.582	0.569	0.000	0.000	0.615	0.614	0.000	0.000
8000	0.509	0.499	0.000	0.000	0.538	0.541	0.000	0.000
9000	0.453	0.444	0.000	0.000	0.478	0.479	0.000	0.000
10000	0.407	0.399	0.000	0.000	0.431	0.431	0.000	0.000
11000	0.370	0.365	0.000	0.000	0.391	0.393	0.000	0.000
12000	0.339	0.334	0.000	0.000	0.359	0.360	0.000	0.000
13000	0.314	0.306	0.000	0.000	0.331	0.330	0.000	0.000
14000	0.292	0.286	0.000	0.000	0.307	0.308	0.000	0.000
15000	0.272	0.266	0.000	0.000	0.287	0.287	0.000	0.000
16000	0.255	0.249	0.000	0.000	0.270	0.270	0.000	0.000
17000	0.239	0.235	0.000	0.000	0.253	0.253	0.000	0.000
18000	0.226	0.222	0.000	0.000	0.240	0.239	0.000	0.000
19000	0.215	0.210	0.000	0.000	0.227	0.227	0.000	0.000
20000	0.204	0.200	0.000	0.000	0.216	0.215	0.000	0.000
21000	0.194	0.191	0.000	0.000	0.206	0.206	0.000	0.000
22000	0.185	0.182	0.000	0.000	0.196	0.196	0.000	0.000
23000	0.177	0.174	0.000	0.000	0.187	0.188	0.000	0.000

续表

任务时间	部分更换				整体更换			
	使用可用度		保障任务成功率		使用可用度		保障任务成功率	
	模拟法	Gamma等效评估法	模拟法	Gamma等效评估法	模拟法	Gamma等效评估法	模拟法	Gamma等效评估法
24000	0.170	0.166	0.000	0.000	0.179	0.180	0.000	0.000
25000	0.163	0.160	0.000	0.000	0.173	0.172	0.000	0.000
26000	0.157	0.154	0.000	0.000	0.166	0.166	0.000	0.000
27000	0.151	0.148	0.000	0.000	0.160	0.160	0.000	0.000
28000	0.146	0.143	0.000	0.000	0.154	0.154	0.000	0.000
29000	0.140	0.138	0.000	0.000	0.149	0.149	0.000	0.000
30000	0.136	0.133	0.000	0.000	0.144	0.144	0.000	0.000
31000	0.131	0.129	0.000	0.000	0.139	0.140	0.000	0.000
32000	0.127	0.125	0.000	0.000	0.135	0.134	0.000	0.000
33000	0.123	0.121	0.000	0.000	0.130	0.131	0.000	0.000
34000	0.120	0.118	0.000	0.000	0.127	0.127	0.000	0.000
35000	0.116	0.114	0.000	0.000	0.123	0.123	0.000	0.000
36000	0.114	0.111	0.000	0.000	0.120	0.120	0.000	0.000
37000	0.110	0.108	0.000	0.000	0.116	0.116	0.000	0.000
38000	0.107	0.105	0.000	0.000	0.113	0.114	0.000	0.000
39000	0.104	0.103	0.000	0.000	0.111	0.111	0.000	0.000
40000	0.102	0.100	0.000	0.000	0.108	0.108	0.000	0.000

从结果来看，Gamma 等效评估法结果和模拟法结果具有很高的一致性。

图 3-22 ~ 图 3-26 所示为 $k=1 \sim 5$，$N=5$，其他参数不变情况下，Gamma 等效评估法和模拟法的结果对比情况。

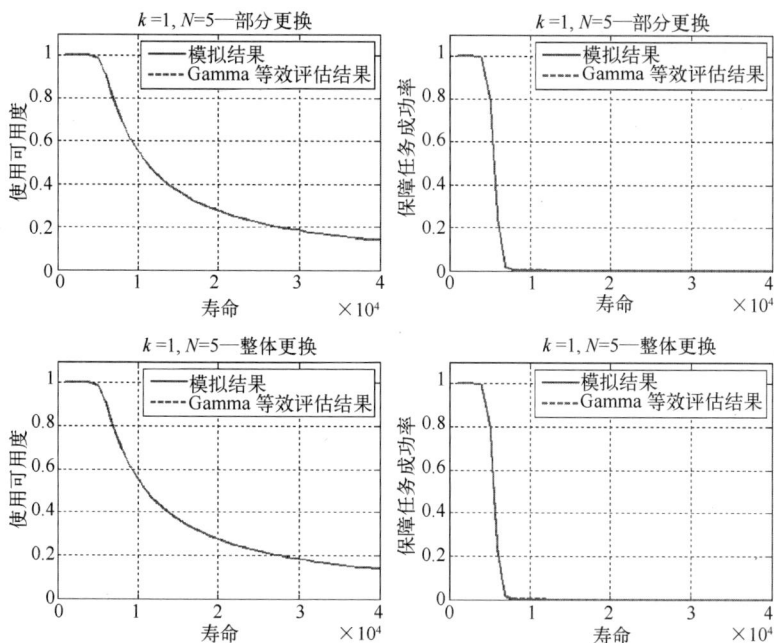

图 3-22 威布尔单元 1/5 (G) 部件：保障效果的模拟结果和 Gamma 等效评估结果

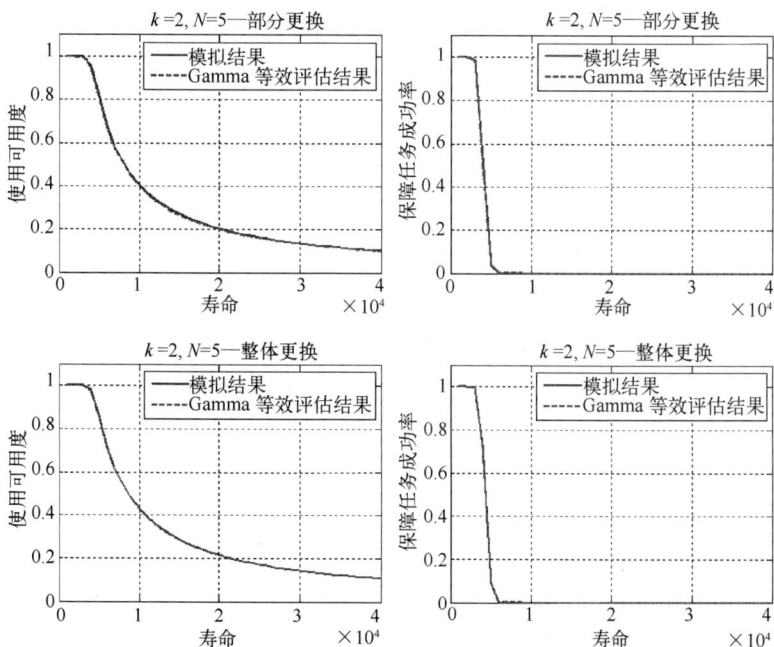

图 3-23 威布尔单元 2/5 (G) 部件：保障效果的模拟结果和 Gamma 等效评估结果

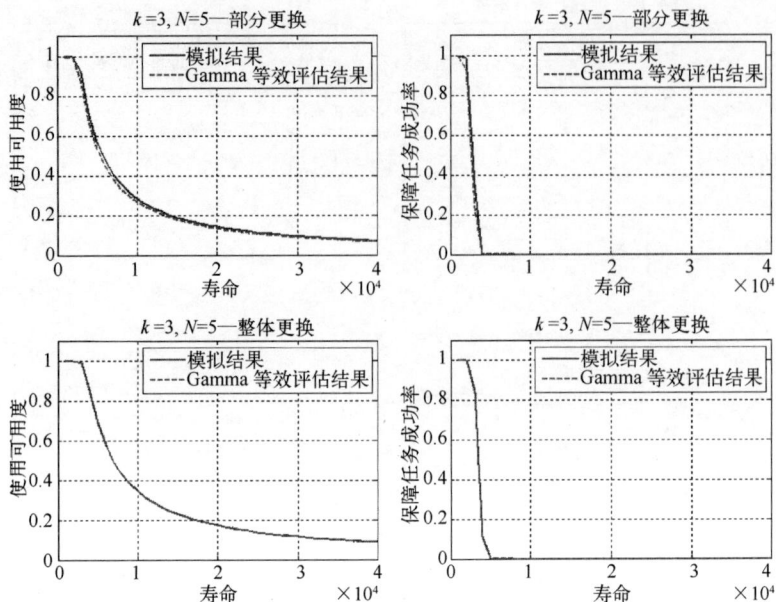

图 3 −24　威布尔单元 $3/5(G)$ 部件：保障效果的模拟结果和 Gamma 等效评估结果

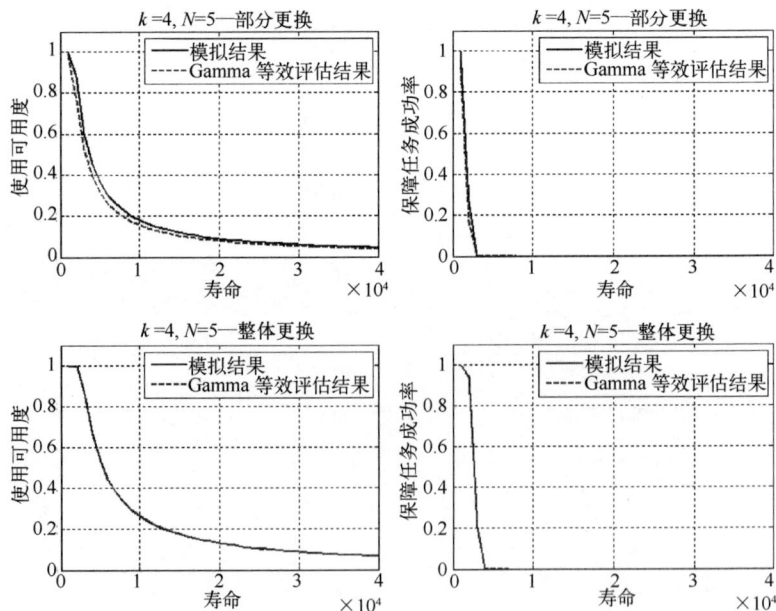

图 3 −25　威布尔单元 $4/5(G)$ 部件：保障效果的模拟结果和 Gamma 等效评估结果

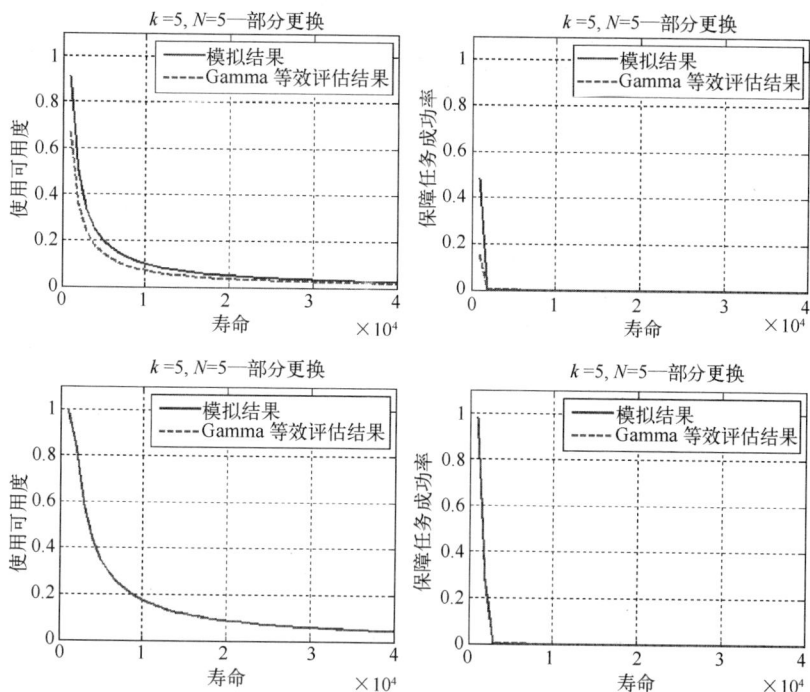

图 3－26 威布尔单元 5/5（*G*）部件：保障效果的模拟结果和 Gamma 等效评估结果

对上述结果中的使用可用度 P_a 和保障任务成功率 P_s 进行误差统计，结果如表 3－17 所示。

表 3－17 威布尔单元表决部件保障效果的误差统计结果

	最大误差				最小误差			
	部分更换		整体更换		部分更换		整体更换	
	P_a	P_s	P_a	P_s	P_a	P_s	P_a	P_s
$k=1$	0.002	0.001	0.002	0.007	－0.001	－0.001	－0.003	0.000
$k=2$	0.000	0.000	0.001	0.001	－0.016	－0.054	－0.002	－0.016
$k=3$	0.000	0.002	0.001	0.003	－0.053	－0.116	－0.003	－0.007
$k=4$	－0.006	0.004	0.001	0.001	－0.116	－0.105	－0.004	－0.009
$k=5$	－0.007	0.001	0.002	0.008	－0.239	－0.327	－0.005	－0.003

续表

	误差均值				误差根方差			
	部分更换		整体更换		部分更换		整体更换	
	P_a	P_s	P_a	P_s	P_a	P_s	P_a	P_s
$k=1$	0.000	0.000	0.000	0.000	0.001	0.000	0.001	0.001
$k=2$	-0.004	-0.002	0.000	0.000	0.003	0.009	0.001	0.003
$k=3$	-0.012	-0.004	0.000	0.000	0.011	0.020	0.001	0.001
$k=4$	-0.020	-0.005	0.000	0.000	0.022	0.021	0.001	0.002
$k=5$	-0.029	-0.008	0.000	0.000	0.043	0.052	0.001	0.002

从以上结果可以发现：

1）Gamma 等效评估法的结果与模拟法有着较好的一致性，二者有着一样的变化趋势。Gamma 等效评估法的评估准确性足以用于定性评估保障效果。

2）与部分更换相比，整体更换情况下 Gamma 等效评估法的评估准确性更高，足以用于定量评估保障效果。

3）当 $k/N(G)$ 表决部件参数 k 较小（$k \leqslant \dfrac{N}{2}$）时，无论是部分更换还是整体更换，Gamma 等效评估法都可以用于定量评估。

4）随着 $k/N(G)$ 表决部件参数 k 的增大，无论是部分更换还是整体更换，Gamma 等效评估法的评估准确性都有所降低。

3.3　正态等效评估法

如果构成表决部件的单元寿命服从正态分布，我们称之为正态单元表决部件。

对于正态分布 $N(\mu, \sigma^2)$，尽管正态随机变量 T 的取值范围是（$-\infty$，∞），但它的 99.73% 的值落在（$\mu - 3\sigma$，$\mu + 3\sigma$）内。这个性质被称为正态分布的"3σ 原则"。该性质可以解读为：正态分布单元具有"集中"失效的特性。因此由多个正态单元组成的正态单元表决部件，也可能具有这种"集中失效"的特点，其寿命分布可能近似于正态分布。

为此，我们提出将正态单元表决部件等效为寿命服从正态分布的单元后，再利用正态分布的卷积具有线性相加的特性，来评估备件方案的保障效果的计算方法，简称正态等效评估法。

正态等效评估法由以下两个步骤组成：

1）对正态单元表决部件的寿命进行正态分布拟合计算，即：将表决部件的寿命分布看成正态分布。

2）利用正态分布的卷积线性相加特性，计算保障概率。

正态分布的卷积线性可加性：设随机变量 $X \sim N(\mu_1, \sigma_1^2)$，$Y \sim N(\mu_2, \sigma_2^2)$，且 X 与 Y 独立，则 $Z = X + Y \sim N(\mu_1 + \mu_2, \sigma_1^2 + \sigma_2^2)$。

我们首先看看用正态分布来拟合正态单元表决部件寿命的拟合贴近情况。

单元寿命服从正态分布 $N(\mu_0, \sigma_0^2)$。表 3-18 和表 3-19 所示分别为部分更换和整体更换时，$N = 5$，$k = 1 \sim 5$，单元平均寿命 $\mu_0 = 1000$、根方差 $\sigma_0 = 100$，$k/N(G)$ 表决部件寿命的正态分布拟合结果 $N(\hat{\mu}, \hat{\sigma}^2)$ 和卡方检验结果。

表 3-18　正态单元表决部件：部分换件结果

$k/N(G)$	$\hat{\mu}$	$\hat{\sigma}$	χ_d^2	$\chi_{d,0.05}^2$	检验结果 0 = 拒绝，1 = 接受
$1/5(G)$	1115.8	66.9	413.1	100.2	0
$2/5(G)$	1030.0	59.9	432.6	106.5	0
$3/5(G)$	915.9	73.9	392.4	116.4	0
$4/5(G)$	474.2	242.5	1696.4	146.3	0
$5/5(G)$	200.2	163.8	4883.9	121.8	0

表 3-19　正态单元表决部件：整体换件结果

$k/N(G)$	$\hat{\mu}$	$\hat{\sigma}$	χ_d^2	$\chi_{d,0.05}^2$	检验结果 0 = 拒绝，1 = 接受
$1/5(G)$	1117.4	67.6	279.9	100.2	0
$2/5(G)$	1049.4	56.1	416.8	108.3	0

续表

$k/N(G)$	$\hat{\mu}$	$\hat{\sigma}$	χ_d^2	$\chi_{d,0.05}^2$	检验结果 0 = 拒绝，1 = 接受
$3/5(G)$	999.4	54.4	433.8	109.2	0
$4/5(G)$	949.2	56.3	389.8	111.0	0
$5/5(G)$	883.3	66.9	635.9	106.5	0

图 3-27 ~ 图 3-31 所示分别为部分更换和整体更换时，$\mu_0 = 1000$，$\sigma_0 = 100$，$N = 5$，$k = 1 \sim 5$，$k/N(G)$ 表决部件寿命的模拟分布情况和拟合结果 $N(\hat{\mu}, \hat{\sigma}^2)$ 的理论寿命分布情况。

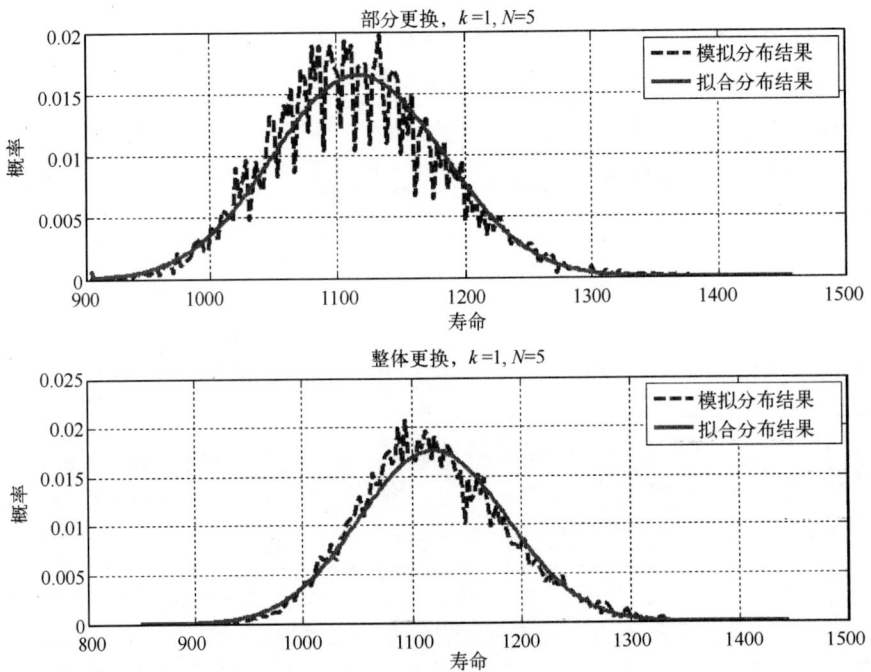

图 3-27　正态单元 $1/5(G)$ 表决部件：寿命的模拟分布结果和 Gamma 拟合分布结果

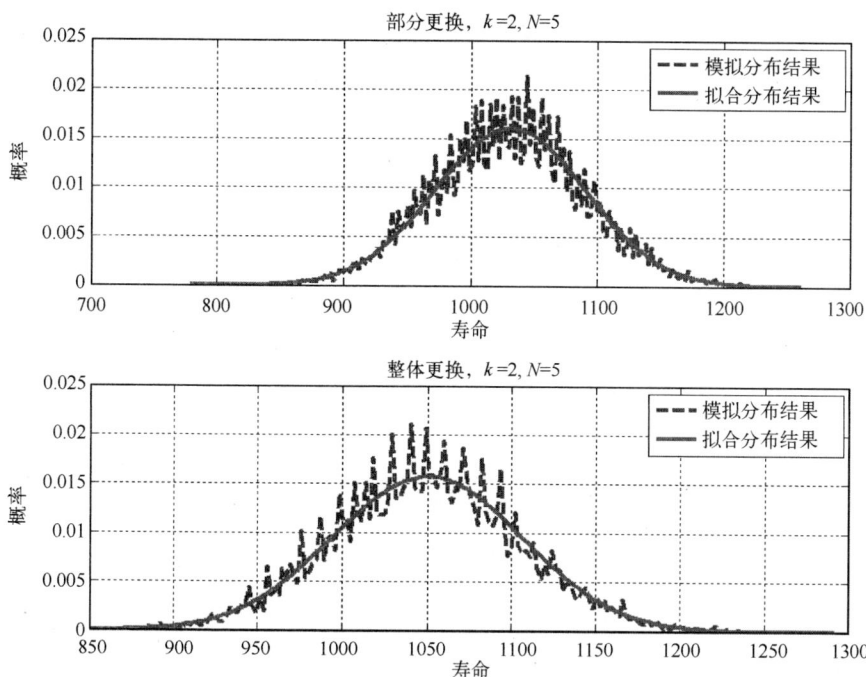

图 3-28　正态单元 2/5(G) 表决部件：寿命的模拟分布结果和 Gamma 拟合分布结果

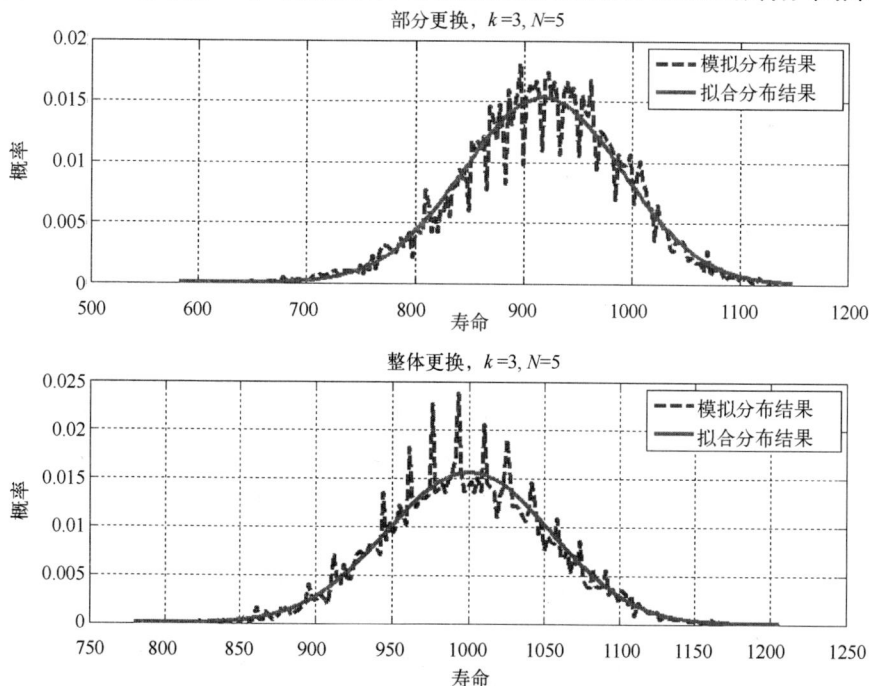

图 3-29　正态单元 3/5(G) 表决部件：寿命的模拟分布结果和 Gamma 拟合分布结果

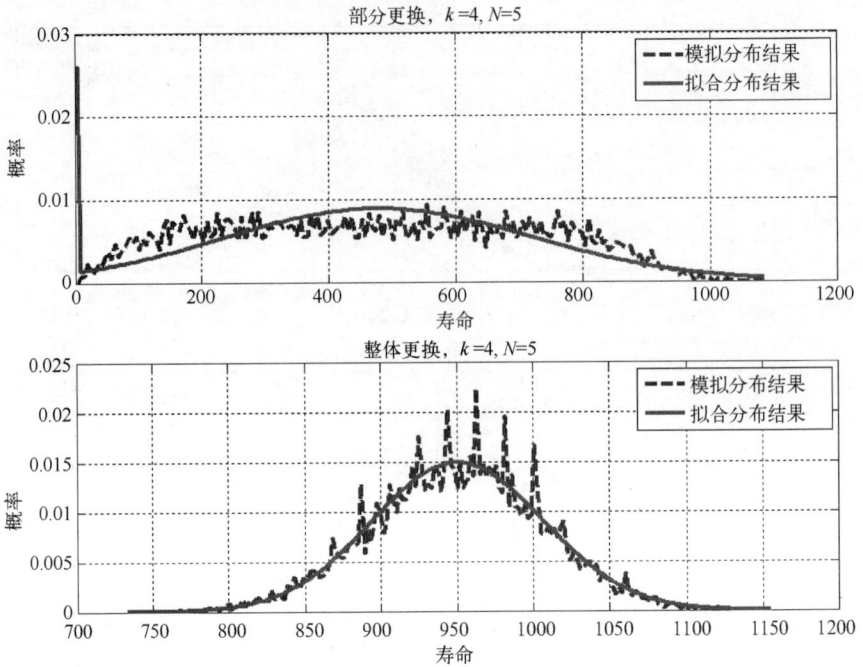

图3-30 正态单元4/5(*G*)表决部件：寿命的模拟分布结果和 Gamma 拟合分布结果

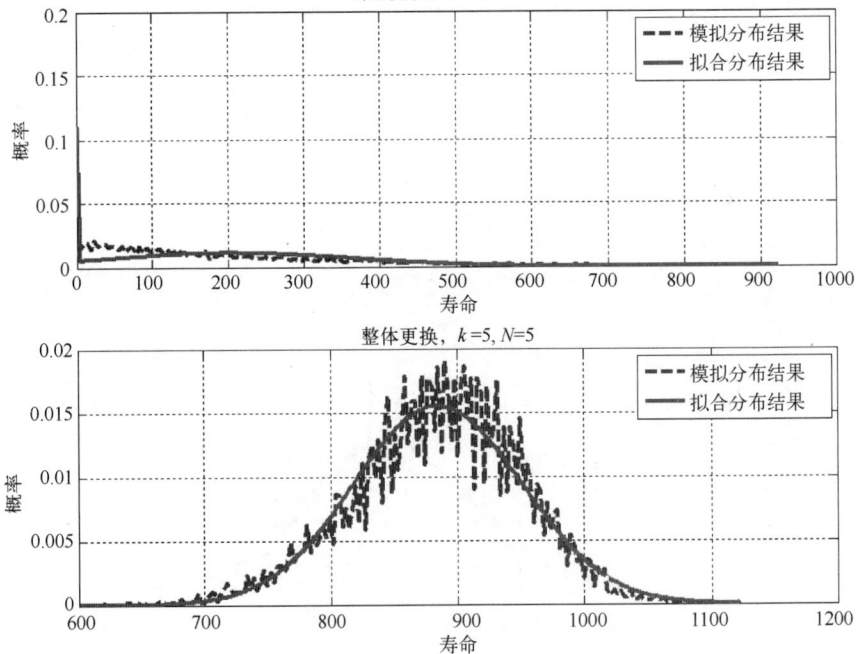

图3-31 正态单元5/5(*G*)表决部件：寿命的模拟分布结果和 Gamma 拟合分布结果

大量模拟结果表明：

1）卡方检验结果显示：正态单元表决部件 $k/N(G)$ 寿命的正态拟合质量并不高，尤其是当 k 较大，趋向于 N 时。

2）即便卡方检验为"拒绝"，部件寿命的拟合分布趋势与模拟的寿命分布趋势仍然可以认为是近似一致的。

例 3.3.1 某 $k/N(G)$ 表决部件由 N 个同类单元组成，单元寿命服从正态 $N(\mu_0, \sigma_0^2)$，备件批次为 S_1，每次更换备件的数量为 S_2（部分更换时 $S_2 = N - k + 1$，整体更换时 $S_2 = N$），备件数量为 $S = S_1 \times S_2$，保障任务时间为 T_w。请用正态等效评估法计算其保障任务成功率和使用可用度，并与模拟结果进行对比。

参数为：$k = 2$，$N = 5$，单元寿命分布参数 $\mu_0 = 1000$，$\sigma_0 = 100$，备件批次 $S_1 = 3$，每次更换备件的数量部分更换时 $S_2 = 4$、整体更换时 $S_2 = 5$，保障任务时间 T_w 的取值范围为 $1000 \sim 40000$。

首先，按照前面介绍的方法，按照部分更换和整体更换两种情况，分别模拟得到表决部件的寿命后，进行正态分布拟合，得到拟合结果分别记为 $N(1030.7, 60.3^2)$、$Ga(1049.6, 55.9^2)$。下面以部分更换拟合结果 $N(1030.7, 60.3^2)$ 为例来阐述。

根据正态分布的卷积特性，在 S_1 批次备件支持下，该部件的累积工作时间服从 $N((1 + S_1) \times 1030.7, (1 + S_1) \times 60.3^2)$ 分布，则保障任务成功率或备件保障概率 P_s 就是 $N((1 + S_1) \times 1030.7, (1 + S_1) \times 60.3^2)$ 分布的可靠度 $R(T_w)$，因此：

$$P_s = R(T_w) = 1 - \frac{1}{\sqrt{2\pi(1 + S_1) \times 60.3^2}} \int_{-\infty}^{T_w} e^{\frac{-(t - (1 + S_1) \times 1030.7)^2}{2(1 + S_1) \times 60.3^2}} dt$$

在 Matlab 中，利用计算正态分布的失效度函数 normcdf( )，上式可表示为：

$$P_s = R(T_w) = 1 - normcdf(T_w, (1 + S_1) \times 1030.7, 60.3\sqrt{1 + S_1})$$

由于使用可用度是平均保障概率，因此该部件在保障任务期间的使用可用度 P_a 为：

$$P_a = \frac{1}{T_w} \int_{-\infty}^{T_w} P_s(t) dt = \frac{1}{T_w} \int_{-\infty}^{T_w} R(t) dt$$

在 Matlab 中，可利用积分函数 quad( ) 完成对使用可用度 P_a 的计算。

表 3 - 20 所示为分别使用模拟法和正态等效评估法的结果。

表 3 - 20　正态单元表决部件：保障效果的模拟结果和 Gamma 等效评估结果

任务时间	部分更换				整体更换			
	使用可用度		保障任务成功率		使用可用度		保障任务成功率	
	模拟法	正态等效评估法	模拟法	正态等效评估法	模拟法	正态等效评估法	模拟法	正态等效评估法
1000	1.000	1.000	1.000	1.000	1.000	1.000	1.000	1.000
2000	1.000	1.000	1.000	1.000	1.000	1.000	1.000	1.000
3000	1.000	1.000	1.000	1.000	1.000	1.000	1.000	1.000
4000	0.998	0.997	0.880	0.834	1.000	1.000	0.964	0.958
5000	0.827	0.824	0.000	0.000	0.840	0.840	0.000	0.000
6000	0.690	0.686	0.000	0.000	0.700	0.699	0.000	0.000
7000	0.592	0.588	0.000	0.000	0.600	0.600	0.000	0.000
8000	0.518	0.515	0.000	0.000	0.525	0.525	0.000	0.000
9000	0.460	0.457	0.000	0.000	0.466	0.466	0.000	0.000
10000	0.414	0.412	0.000	0.000	0.420	0.420	0.000	0.000
11000	0.376	0.374	0.000	0.000	0.382	0.381	0.000	0.000
12000	0.345	0.343	0.000	0.000	0.350	0.350	0.000	0.000
13000	0.319	0.317	0.000	0.000	0.323	0.323	0.000	0.000
14000	0.296	0.294	0.000	0.000	0.300	0.300	0.000	0.000
15000	0.276	0.275	0.000	0.000	0.280	0.280	0.000	0.000
16000	0.259	0.257	0.000	0.000	0.262	0.262	0.000	0.000
17000	0.243	0.242	0.000	0.000	0.247	0.247	0.000	0.000
18000	0.230	0.229	0.000	0.000	0.233	0.233	0.000	0.000
19000	0.218	0.217	0.000	0.000	0.221	0.221	0.000	0.000
20000	0.207	0.206	0.000	0.000	0.210	0.210	0.000	0.000
21000	0.197	0.196	0.000	0.000	0.200	0.200	0.000	0.000
22000	0.188	0.187	0.000	0.000	0.191	0.191	0.000	0.000
23000	0.180	0.179	0.000	0.000	0.183	0.183	0.000	0.000
24000	0.172	0.172	0.000	0.000	0.175	0.175	0.000	0.000
25000	0.166	0.165	0.000	0.000	0.168	0.168	0.000	0.000
26000	0.159	0.158	0.000	0.000	0.161	0.162	0.000	0.000
27000	0.153	0.153	0.000	0.000	0.155	0.155	0.000	0.000
28000	0.148	0.147	0.000	0.000	0.150	0.150	0.000	0.000
29000	0.143	0.142	0.000	0.000	0.145	0.145	0.000	0.000
30000	0.138	0.137	0.000	0.000	0.140	0.140	0.000	0.000
31000	0.133	0.133	0.000	0.000	0.135	0.135	0.000	0.000

续表

任务时间	部分更换				整体更换			
	使用可用度		保障任务成功率		使用可用度		保障任务成功率	
	模拟法	正态等效评估法	模拟法	正态等效评估法	模拟法	正态等效评估法	模拟法	正态等效评估法
32000	0.129	0.129	0.000	0.000	0.131	0.131	0.000	0.000
33000	0.125	0.125	0.000	0.000	0.127	0.127	0.000	0.000
34000	0.122	0.121	0.000	0.000	0.124	0.123	0.000	0.000
35000	0.118	0.118	0.000	0.000	0.120	0.120	0.000	0.000
36000	0.115	0.114	0.000	0.000	0.117	0.117	0.000	0.000
37000	0.112	0.111	0.000	0.000	0.113	0.113	0.000	0.000
38000	0.109	0.108	0.000	0.000	0.110	0.110	0.000	0.000
39000	0.106	0.106	0.000	0.000	0.108	0.108	0.000	0.000
40000	0.103	0.103	0.000	0.000	0.105	0.105	0.000	0.000

从结果来看，正态等效评估法结果和模拟法结果具有很高的一致性。

图 3-32 ~ 图 3-36 所示为 $k=1 \sim 5$，$N=5$，其他参数不变情况下，正态等效评估法和模拟法的结果对比情况。

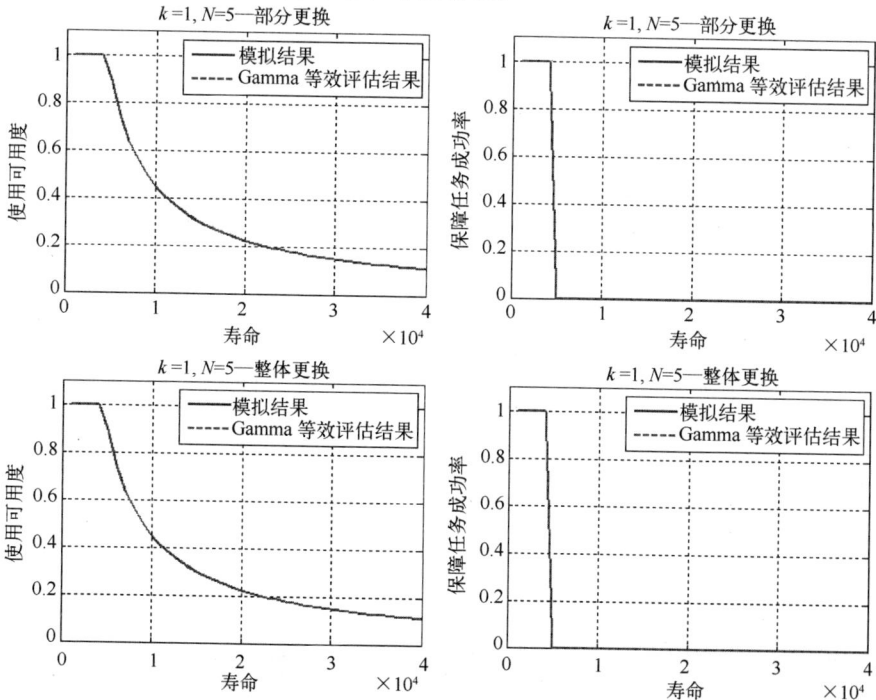

图 3-32 正态单元 1/5(G) 部件：保障效果的模拟结果和 Gamma 等效评估结果

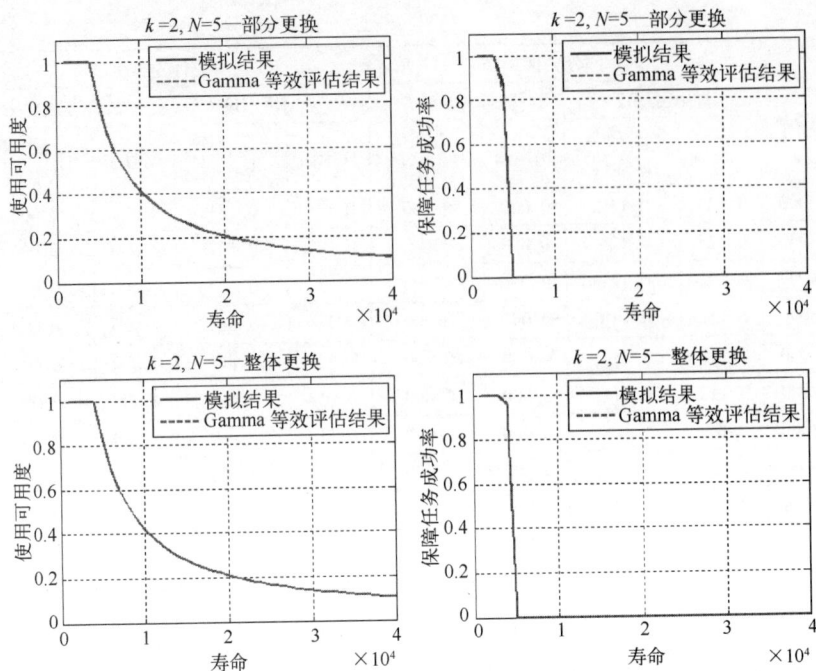

图 3-33　正态单元 $2/5(G)$ 部件：保障效果的模拟结果和 Gamma 等效评估结果

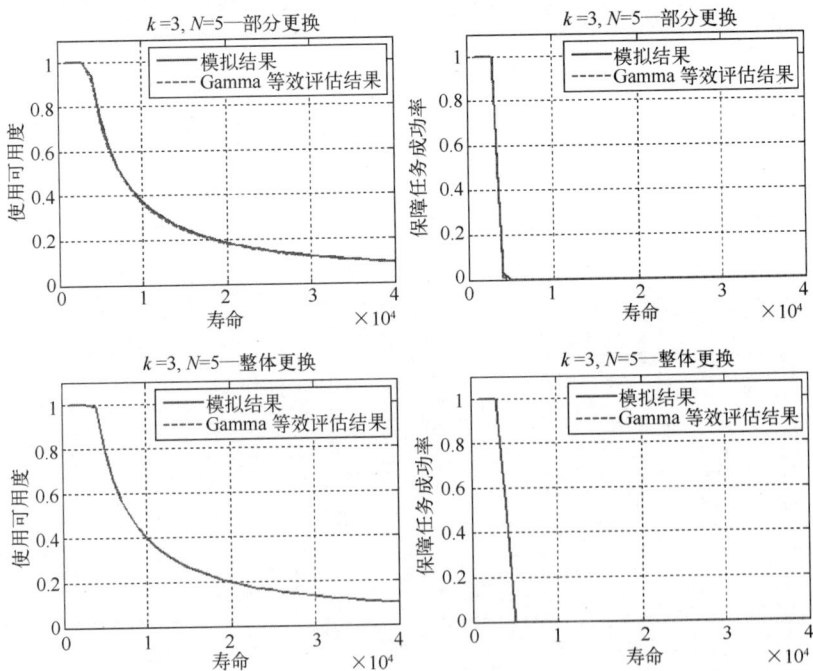

图 3-34　正态单元 $3/5(G)$ 部件：保障效果的模拟结果和 Gamma 等效评估结果

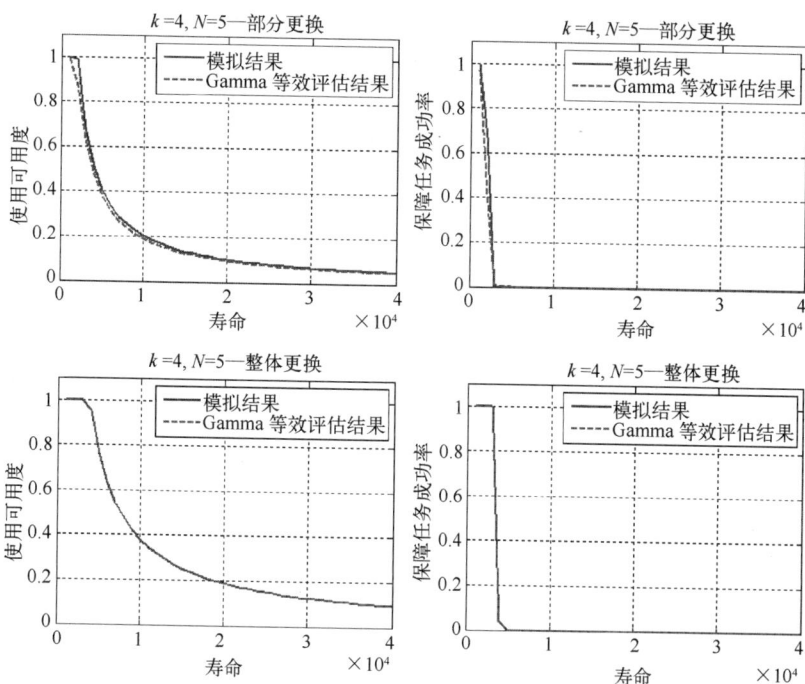

图 3－35　正态单元 4/5(G)部件：保障效果的模拟结果和 Gamma 等效评估结果

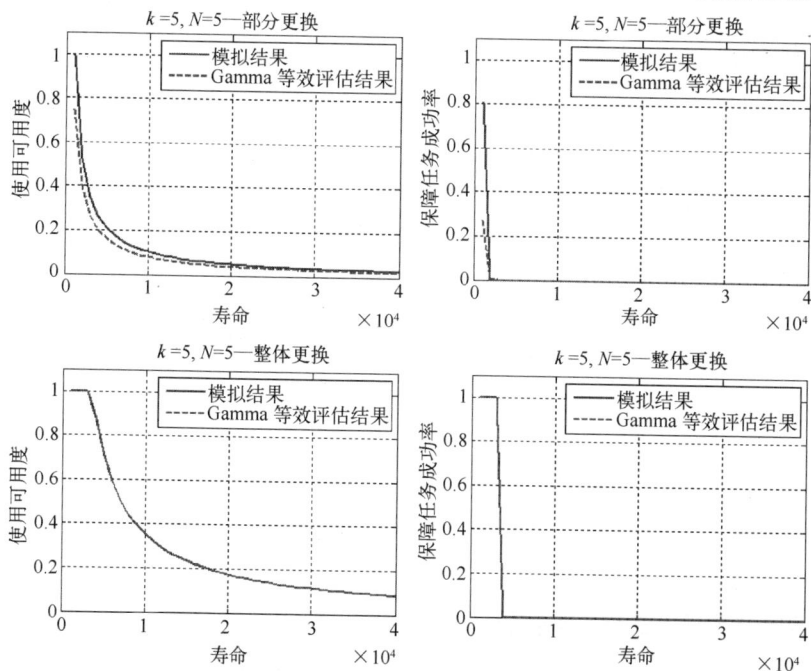

图 3－36　正态单元 5/5(G)部件：保障效果的模拟结果和 Gamma 等效评估结果

对上述结果中的使用可用度 P_a 和保障任务成功率 P_s 进行误差统计，结果如表 3-21 所示。

表 3-21　正态单元表决部件保障效果的误差统计结果

	最大误差				最小误差			
	部分更换		整体更换		部分更换		整体更换	
	P_a	P_s	P_a	P_s	P_a	P_s	P_a	P_s
$k=1$	0.000	0.000	0.001	0.000	−0.001	−0.000	−0.000	−0.000
$k=2$	0.000	0.000	0.000	0.000	−0.004	−0.036	−0.000	−0.004
$k=3$	0.000	0.000	0.001	0.000	−0.022	−0.020	−0.001	−0.002
$k=4$	−0.003	0.010	0.000	0.001	−0.117	−0.254	−0.000	−0.000
$k=5$	−0.006	0.000	0.000	0.000	−0.248	−0.533	−0.000	−0.000

	误差均值				误差根方差			
	部分更换		整体更换		部分更换		整体更换	
	P_a	P_s	P_a	P_s	P_a	P_s	P_a	P_s
$k=1$	−0.000	−0.000	0.000	0.000	0.000	0.000	0.000	0.000
$k=2$	−0.001	−0.001	−0.000	−0.000	0.001	0.006	0.000	0.001
$k=3$	−0.005	−0.001	0.000	−0.000	0.005	0.003	0.000	0.000
$k=4$	−0.013	−0.007	−0.000	0.000	0.019	0.040	0.000	0.000
$k=5$	−0.027	−0.013	0.000	0.000	0.043	0.084	0.000	0.000

从以上结果可以发现：

1）正态等效评估法的结果与模拟法有着很好的一致性，二者有着一样的变化趋势。正态等效评估的评估准确性足以用于定性、定量评估保障效果。

2）与部分更换情况相比，整体更换情况下正态等效评估法的评估准确性更高。

3）当 $k/N(G)$ 表决部件参数 k 较小（$k \leqslant \dfrac{N}{2}$）时，无论是部分更换还是整体更换，正态等效评估法都可以用于定量评估。

4）随着 $k/N(G)$ 表决部件参数 k 的增大，部分更换情况下，正态等效评估法的评估准确性有所降低。

第4章　多等级保障的效果评估

多等级保障讲的是备件供应保障组织体系的组织结构问题。本章主要回答多等级保障中的以下两个核心问题：

1）如何评估保障单位之间因为保障时间（运输/修理时间）而造成的保障延误效果？

2）如何计算各装备现场站点从上级保障单位中获得的备件数量？

备件供应保障组织体系一般来说是多等级的[1]。对海军来说，舰员级、中继级和基地级是常见的三级保障组织体系结构形式，如图4-1所示。此时，舰员级是装备使用现场站点，为第一等级。备件模型的等级结构上有一个重要的假设条件[1]是：对于任何既定的备件，在所提出的任何树状等级结构中各个第一等级都具有第二等级的供应机构（第二等级供应机构所供备件与第一等级所供应备件未必完全相同）。图4-1所示的等级设置并不完全相同，会因具体情况而变化。从前三个装备使用现场站点来看，有三个等级保障；而从后两个装备使用现场站点来看，则仅为两个等级保障。

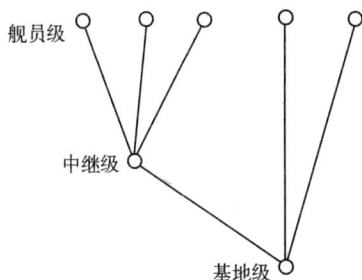

图4-1　海军常见的保障组织体系结构形式

METRIC 理论针对保障组织体系为多等级结构、装备为多层级结构

(第5章详述)的现状,在一系列前提假定下给出了一种全面的解决方法,能够较为准确地评估出备件方案的保障效果。

METRIC 理论最初是针对那些价格昂贵、可靠性高、需求率低的产品单元,它从装备全寿命周期的角度,面对整个备件供应系统,解决各个保障组织单位的备件优化配置问题。产品单元价格昂贵和装备全寿命周期角度这两个背景,导致 METRIC 理论有以下两个特点:

1)故障件的最终修复概率等于1。对同一故障件,不同等级保障单位的修复概率可能不同,但由于产品单元过于贵重,生产周期一般较长,故障发生后该单元不可能因此报废,该故障必然会在多等级保障组织体系中被某级保障单位最终修复成功。

2)METRIC 输入参数中没有"保障任务时间"这种参数,而代之以"周/年平均工作时间"。因此,依据 METRIC 理论得到的备件方案,并不是针对某次具体任务,而是着眼装备在全寿命周期内的总体表现。那么,备件方案在任务期间的保障效果是否与全寿命周期内的保障效果一样就有待商榷。

故障件能被最终修复的假定,在 METRIC 理论中反映为库存平衡公式[1],这是 METRIC 理论进行一切分析的基本依据:

$$S = \text{OH} + \text{DI} - \text{BO} \qquad (4-1)$$

式中　S——备件数量;

　　OH——舰员级现有库存数;

　　DI——来自修理机构和补给部门的舰员级待收库存数;

　　BO——备件短缺数。

这些都是非负的随机变量,这些随机变量中有一个发生变化,其他变量都随之发生变化。例如,当发生一次故障产生一次备件需求时,来自修理机构的舰员级待收库存数 DI 就增加一件;若现有库存数 OH 为正整数,库存数 OH 就减少一件;否则,备件短缺数 BO 就增加一件。当一次修理完成后,DI 减少一件,短缺数 BO 就减少一件,或者是无短缺时现有库存数 OH 增加一件。不管哪种情况,等式都保持平衡。上述平衡方程,没有反映故障件修复不成功而报废的情况。

故障件最终能被修复的假定,在一次具体的保障任务期间往往不能成立,尤其是海军装备。海军装备在海上执行任务期间,往往远离陆上保障组织体系，缺少陆上保障单位的支持。而海上舰艇编队的修理能力往往是有限的，不能保证一定能修复故障件，因此，在海上执行任务期间，故障件的最终修复概率小于1是更为合理的假定。

至此，我们基本上可以判断：由于存在着"故障件能否被最终修复"这种根本性分歧，针对任务期间备件方案的保障效果评估，和针对全寿命周期备件方案的保障效果评估，是两种不同性质的问题。至少在 METRIC 理论的代表作《装备备件最优化建模——多级技术》中没有正面提及、具体阐述故障件存在报废情况时的备件方案保障效果评估技术。

包括 METRIC 理论在内的大多数研究中，都假定更换故障件的换件修理时间为零。因此可以认为故障发生后造成装备停机的原因有两种：一种是备件消耗完毕，装备永久停机；另一种是虽有备件，但由于故障件修复时间、备件运输时间造成保障延误，导致装备因等待备件而暂时停机。METRIC 理论由于有故障件能被最终修复的假定，因此其不存在第一种装备永久停机情况，其研究重点在第二种情况。

对于任务期间的保障来说，同时存在上述两种停机情况。那么，到底哪种情况是影响保障效果的主要影响因素呢？

4.1 运输时间对保障效果的影响

我们把因备件运输时间造成的装备停机事件称之为运输延误；把因故障件修理时间造成的装备停机事件称之为修理延误。这两种延误都属于保障延误。在本节中，我们重点回答以下两个问题：

1）存在备件运输时间，是否必然发生运输延误？

2）运输延误发生后，延误时间是否必然很长？延误后果是否必然严重？

建模是一种简化的艺术。为了更清晰地探明上述问题，我们暂不考虑修理因素，以两级保障组织、单站点（单装备）为例进行研究。

例 4.1.1 记保障任务时间为 T_w，假定：

1）保障组织体系由后方仓库和装备现场站点（以下简称站点）两级组成，后方仓库备件数量记为 S_1，站点自身配备的备件数量记为 S_2。

2）站点配有一台装备，该装备由一个寿命服从指数分布的不修复件组成，寿命 T 的分布记为 $\exp(\mu)$。

3）站点向后方仓库提出备件申请的耗时为零。

4）备件从后方仓库到站点存在运输时间 T_{y12}，T_{y12} 为常量，其物理含义为平均运输时间。

5）在站点，该装备（不修复件）发生故障后即报废，通过用备件更换故障件的方式使装备恢复工作，换件维修耗时为零。

6）站点采用 $(S-1, S)$ 备件补给策略，即：当站点每使用一件备件后，向后方仓库申领一件备件。

建立仿真模型，模拟备件方案的保障效果，并将模拟结果与运输时间 $T_{y12}=0$ 的理论计算结果进行对比，探讨将 $T_{y12}=0$ 的理论计算结果作为 $T_{y12}\neq0$ 近似结果的可行性。

该仿真模型基于离散事件仿真原理实现，模型中的关键事件为发生故障。在现实中，故障发生后的业务主要有两项：

1）备件申请/响应。根据 $(S-1, S)$ 备件补给策略，站点向后方仓库请求补给一件备件。后方仓库视备件库存情况尽快向站点下拨备件，该备件发出后，经运输时间 T_{y12} 后到达站点。

2）换件维修。在装备现场，如果站点有备件，则立刻开展换件维修；如果站点没有备件，则视备件申请结果而决定——如果后方仓库有备件，则在 T_{y12} 后备件到达时完成换件维修，装备继续工作；如果后方仓库始终没有备件，则装备永久停机，保障任务失败。

由于换件维修的结果有赖于申请备件事件的结果，为了更好地仿真实现上述故障处理业务，我们对站点中的第 i 件备件建立一个包含两项数值的行数组来表达。行数组的结构如下：

sT_i	sF_i

sT_i 的物理含义为：该备件最早在站点能被用于换件维修的时间。

sF_i 的物理含义为：该备件是否已被消耗，未消耗时令 $sF_i=1$，已消耗令 $sF_i=0$。

仿真流程如下：

（1）仿真初始化。

仿真时间 $simT=0$，站点的备件仓库可用如下矩阵 $wareS_2$ 表示，式中

$sT_i = 0$，$sF_i = 1(1 \leqslant i \leqslant S_2)$；

$$wareS_2 = \begin{bmatrix} sT_1 & sF_1 \\ sT_2 & sF_2 \\ \vdots & \vdots \\ sT_{S_2} & sF_{S_2} \end{bmatrix}$$

（2）模拟故障。

根据产品单元的故障间隔时间统计规律产生随机数 T_{rnd}，令 $simT = simT + T_{rnd}$，$simT$ 为模拟的故障发生时刻。

（3）模拟备件申请/响应。

在故障发生时刻 $simT$，首先模拟后方仓库对站点的备件申请响应如下：

判断 S_1 是否大于零？

若是，则在站点备件矩阵的最后增加一条行数据；

sT_j	sF_j

且 $sT_j = simT + T_{y12}$、$sF_j = 1$，更新后方仓库的库存状态：$S_1 = S_1 - 1$。

（4）模拟站点的换件维修。

先在 $wareS_2$ 中找出所有未被消耗（sF_i 等于 1）的可用备件，再在可用备件中找出能被最早使用（sT_j 中最小）的备件，其序号记为 k，更新站点备件库存信息：令 $sF_k = 0$。则 sT_k 和 $simT$ 中的最大值为换件维修完毕、故障排除、装备恢复工作的时刻，推进仿真时间到该时刻：$simT = \max(sT_k, simT)$。

（5）判断仿真是否终止。

如果不满足终止条件，则转步骤（2）。

仿真终止条件为满足以下两个条件中的任意一个：

条件 1：$simT$ 大于等于 T_w。

条件 2：站点备件仓库 $wareS_2$ 中找不到可用备件。

在仿真终止后，统计产品的累积工作时间 $simT_w$ 和备件满足率。利用累积工作时间可计算使用可用度；若备件满足率等于 1，则视该次保障任务成功，否则记为保障失败。

对运输时间 $T_{y12} = 0$ 的情况，根据 2.4 节的内容，装备的累积工作时间服从 Gamma 分布 $Ga(1 + S_1 + S_2, \mu)$，此时备件方案的保障效果——使用可用度 $P_a(S_1 + S_2, T_w)$ 和保障任务成功率 $P_s(S_1 + S_2, T_w)$ 可用下式计算：

$$P_s(S_1 + S_2, T_w) = 1 - \frac{1}{\mu^{1 + S_1 + S_2} \Gamma(1 + S_1 + S_2)} \int_{-\infty}^{T_w} t^{S_1 + S_2} e^{\frac{-t}{\mu}} dt$$

$$(4 - 2)$$

$$P_a(S_1 + S_2, T_w) = \frac{1}{T_w} \int_0^{T_w} P_s(S_1 + S_2, t) dt$$

我们针对以下四种情况进行模拟。

情况 1：运输时间 $T_{y12} = 100$，后方仓库备件 $S_1 = 1$，站点备件为 $S_2 = 3$。

情况 2：运输时间 $T_{y12} = 100$，后方仓库备件 $S_1 = 3$，站点备件为 $S_2 = 1$。

情况 3：运输时间 $T_{y12} = 1000$，后方仓库备件 $S_1 = 1$，站点备件为 $S_2 = 3$。

情况 4：运输时间 $T_{y12} = 1000$，后方仓库备件 $S_1 = 3$，站点备件为 $S_2 = 1$。

以上四种情况中，如果令 $T_{y12} = 0$，则装备的累积工作时间服从 Gamma 分布 $Ga(5, 1000)$，备件方案的保障效果是一样的。

图 4-2～图 4-5 所示为上述四种情况的模拟结果和以 $T_{y12} = 0$ 的理论计算结果作为 $T_{y12} \neq 0$ 时的近似结果。

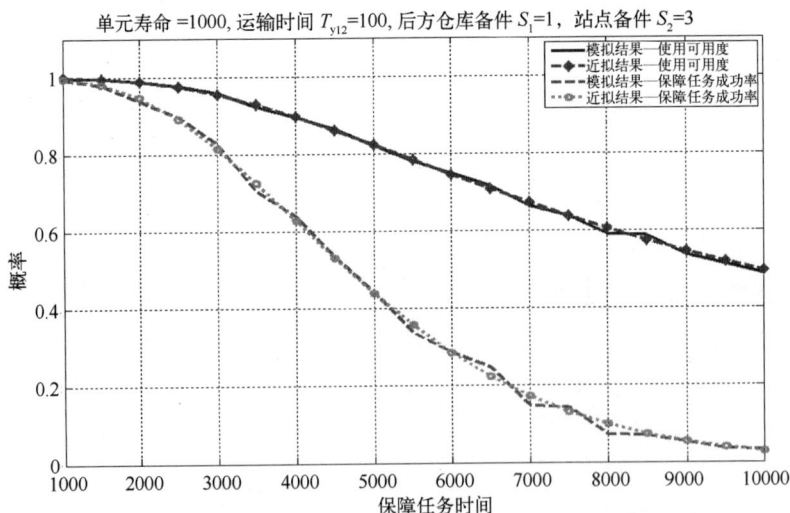

图 4-2 情况 1 保障效果的模拟结果和近似结果

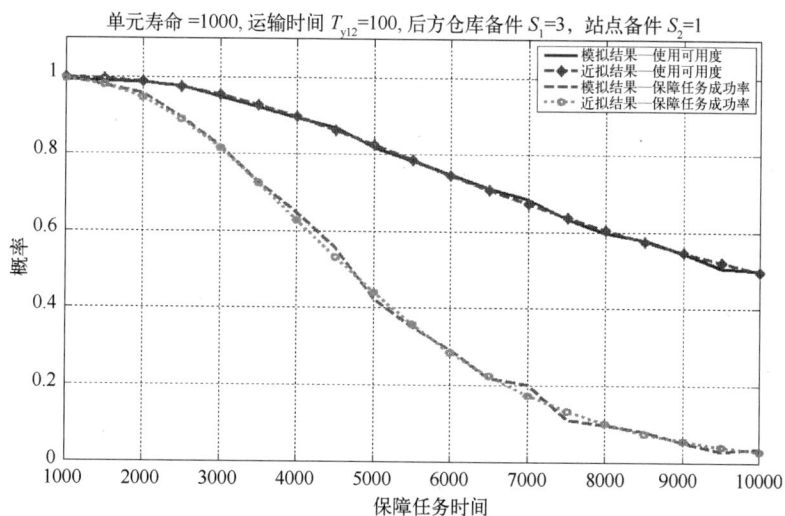

图4-3 情况2保障效果的模拟结果和近似结果

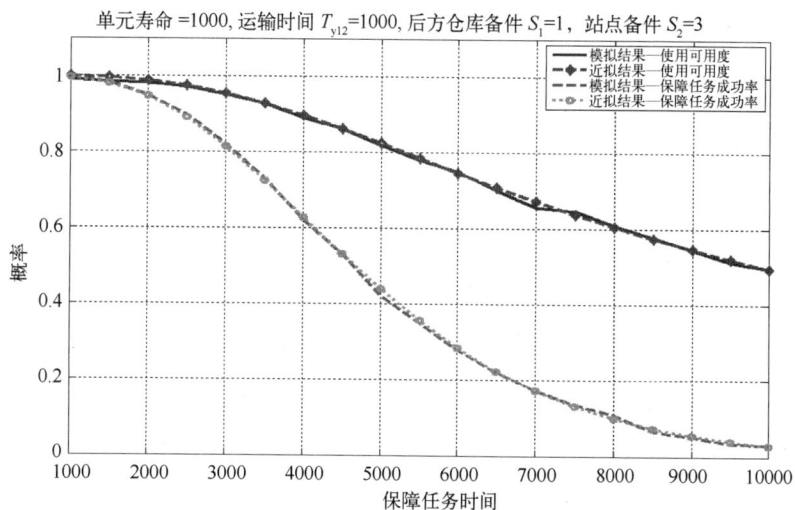

图4-4 情况3保障效果的模拟结果和近似结果

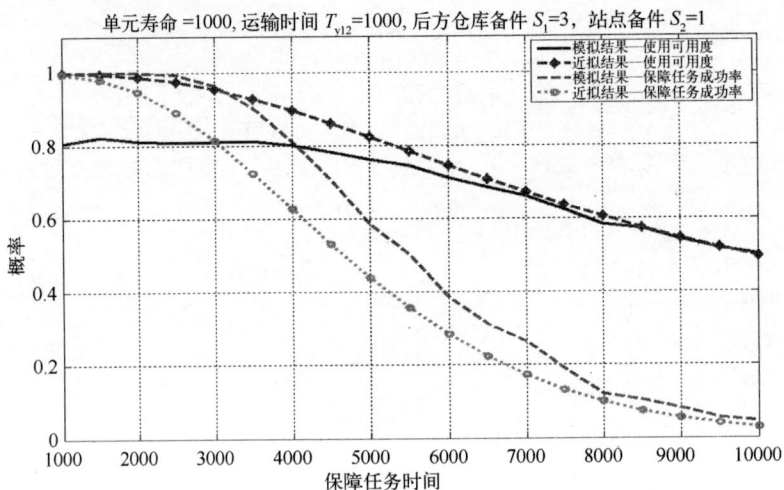

单元寿命 =1000, 运输时间 T_{y12}=1000, 后方仓库备件 S_1=3, 站点备件 S_2=1

图 4-5　情况 4 保障效果的模拟结果和近似结果

表 4-1 所示为四种情况使用可用度的模拟结果和近似结果。

表 4-1　四种情况使用可用度的模拟结果和近似结果

保障任务时间	模拟使用可用度				近似使用可用度
	$T_{y12}=100$, $S_1=1$, $S_2=3$	$T_{y12}=100$, $S_1=3$, $S_2=1$	$T_{y12}=1000$, $S_1=1$, $S_2=3$	$T_{y12}=1000$, $S_1=3$, $S_2=1$	$T_{y12}=0$, $S=S_1+S_2$
1000	0.999	0.996	0.990	0.808	0.999
1500	0.997	0.993	0.985	0.824	0.996
2000	0.986	0.983	0.981	0.813	0.989
2500	0.977	0.972	0.973	0.810	0.975
3000	0.954	0.954	0.952	0.811	0.955
3500	0.932	0.929	0.929	0.814	0.929
4000	0.894	0.898	0.889	0.802	0.897
4500	0.866	0.858	0.861	0.784	0.862
5000	0.818	0.826	0.819	0.764	0.825
5500	0.799	0.786	0.780	0.747	0.786
6000	0.752	0.749	0.749	0.712	0.747
6500	0.703	0.696	0.702	0.686	0.709

保障任务 时间	模拟使用 可用度				近似使用 可用度
	$T_{y12}=100$, $S_1=1$, $S_2=3$	$T_{y12}=100$, $S_1=3$, $S_2=1$	$T_{y12}=1000$, $S_1=1$, $S_2=3$	$T_{y12}=1000$, $S_1=3$, $S_2=1$	$T_{y12}=0$, $S=S_1+S_2$
7000	0.671	0.669	0.657	0.662	0.672
7500	0.638	0.641	0.646	0.624	0.638
8000	0.598	0.594	0.609	0.584	0.605
8500	0.570	0.567	0.578	0.572	0.575
9000	0.545	0.562	0.544	0.542	0.546
9500	0.521	0.516	0.513	0.517	0.520
10000	0.494	0.503	0.496	0.502	0.496

表4-2 所示为四种情况保障任务成功率的模拟结果和近似结果。

表4-2 四种情况保障任务成功率的模拟结果和近似结果

保障任务时间	模拟保障 任务成功率				近似保障 任务成功率
	$T_{y12}=100$, $S_1=1$, $S_2=3$	$T_{y12}=100$, $S_1=3$, $S_2=1$	$T_{y12}=1000$, $S_1=1$, $S_2=3$	$T_{y12}=1000$, $S_1=3$, $S_2=1$	$T_{y12}=0$, $S=S_1+S_2$
1000	0.996	0.998	1.000	1.000	0.996
1500	0.980	0.988	0.984	1.000	0.981
2000	0.938	0.944	0.949	1.000	0.947
2500	0.896	0.889	0.899	0.994	0.891
3000	0.805	0.802	0.820	0.964	0.815
3500	0.732	0.744	0.732	0.904	0.725
4000	0.619	0.630	0.623	0.811	0.629
4500	0.532	0.525	0.532	0.708	0.532
5000	0.438	0.448	0.421	0.585	0.440
5500	0.393	0.369	0.351	0.504	0.358
6000	0.291	0.280	0.280	0.386	0.285
6500	0.202	0.218	0.221	0.312	0.224
7000	0.173	0.185	0.172	0.265	0.173
7500	0.121	0.138	0.135	0.189	0.132

续表

保障任务时间	模拟保障 任务成功率				近似保障 任务成功率
	$T_{y12}=100$, $S_1=1$，$S_2=3$	$T_{y12}=100$, $S_1=3$，$S_2=1$	$T_{y12}=1000$, $S_1=1$，$S_2=3$	$T_{y12}=1000$, $S_1=3$，$S_2=1$	$T_{y12}=0$, $S=S_1+S_2$
8000	0.102	0.089	0.110	0.121	0.100
8500	0.074	0.068	0.066	0.104	0.074
9000	0.047	0.065	0.051	0.082	0.055
9500	0.036	0.042	0.035	0.055	0.040
10000	0.024	0.032	0.031	0.045	0.029

仿真结果表明：该近似评估方法在备件方案的实际使用可用度很高或低时，都有着很好的准确性。

对比情况 1"运输时间 $T_{y12}=100$，后方仓库备件 $S_1=1$，站点备件为 $S_2=3$"、情况 2"运输时间 $T_{y12}=100$，后方仓库备件 $S_1=3$，站点备件为 $S_2=1$"的模拟结果与 $T_{y12}=0$ 的理论计算结果，发现三者的保障效果极为一致。它说明：当运输时间和装备的寿命之间的比例 $\dfrac{T_{y12}}{\mu}$ 较小时（例 4.1.1 中该比例为 0.1），只要站点的初始备件数量不为零，以 $T_{y12}=0$ 的理论计算结果作为 $T_{y12}\neq0$ 时的近似结果是可行的。

对比情况 3"运输时间 $T_{y12}=1000$，后方仓库备件 $S_1=1$，站点备件为 $S_2=3$"、情况 4"运输时间 $T_{y12}=1000$，后方仓库备件 $S_1=3$，站点备件为 $S_2=1$"的模拟结果与 $T_{y12}=0$ 的理论计算结果，发现情况 3 的模拟结果与 $T_{y12}=0$ 的结果极为一致，而情况 4 的模拟结果与 $T_{y12}=0$ 的结果不相吻合。该结果说明：即便运输时间和装备的寿命之间的比例 $\dfrac{T_{y12}}{\mu}$ 较大时（例 4.1.1 中该比例为 1），只要增加站点的初始备件数量，也能有效抵消 T_{y12} 的影响，此时以 $T_{y12}=0$ 的理论计算结果作为 $T_{y12}\neq0$ 时的近似结果仍然可行。

站点的初始备件数量为 0 时，故障发生后，即便后方仓库有备件，站点也必然要等待 T_{y12} 时间才能完成换件维修、装备恢复工作，也就是说运输延误必然发生。

情况 4 模拟结果与情况 1，2，3 的"格格不入"从另一角度告诉我们：

站点备件的一个重要作用就是为还在运输途中的备件赢取"缓冲时间"，起到降低运输延误可能性和减小运输延误时间的效果。

图4-6所示为站点初始备件 $S_2 = 3$，当首次发生故障后，后方仓库备件到达站点时刻，站点备件状态的转化关系图。

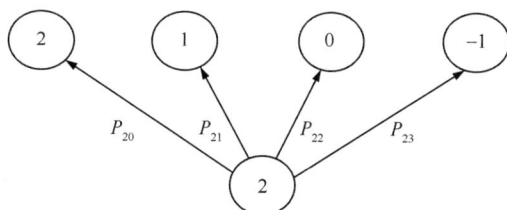

图4-6 站点备件状态转化图

首次故障后，站点的备件数量变为2，当后方仓库备件即将到达的那一时刻，站点备件的数量可能为2，1，0，-1，分别对应在后方仓库备件运输期间，站点发生0次故障、发生1次故障、发生2次故障、发生3次故障这四种情况。这四种情况发生的概率记为 P_{20}、P_{21}、P_{22}、P_{23}，由于寿命服从指数分布的单元，其故障次数服从泊松分布，因此可用如下式计算 P_{20}、P_{21}、P_{22}、P_{23}。

$$P(X = k) = \frac{(\frac{T_{y12}}{\mu})^k}{k!} e^{-\frac{T_{y12}}{\mu}} \qquad (4-3)$$

式中 k——故障次数。

其中只有"发生3次故障"出现，才会发生运输延误。运输延误时间记为 dT_{23}，为运输时间 T_{y12} 与装备工作时间之差，可用下式计算：

$$dT_{23} = T_{y12}(1 - P_a(3, T_{y12})) \qquad (4-4)$$

式中 $P_a(3, T_{y12})$——T_{y12} 时间内1台装备在2个备件支持下的使用可用度。

计算结果如表4-3所示。

表4-3 备件状态转化概率及延迟时间

运输时间 T_{y12}	P_{20}	P_{21}	P_{22}	P_{23}	dT_{23}
100	0.905	0.090	0.005	0.000	0.0
1000	0.368	0.368	0.184	0.061	23.3

站点初始备件 $S_2 = 1$，当首次发生故障后，后方仓库备件到达时刻，站点备件状态的转化关系如图 4-7 所示。

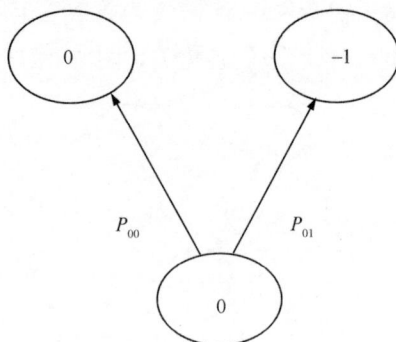

图 4-7 站点初始备件数量为 1 的备件状态转化图

首次故障后，站点的备件数量变为零，当后方仓库备件到达时，站点备件的数量可能为 0、-1，分别对应在后方仓库备件运输期间，站点发生 0 次故障、发生 1 次故障这两种情况。这两种情况发生的概率记为 P_{00}、P_{01}，只有"发生 1 次故障"出现，才会导致运输延误，运输延误时间记为 dT_{01}。其计算结果如表 4-4 所示。

表 4-4 初始备件数量为 1 时备件状态转化概率及延迟时间

运输时间 T_{y12}	P_{00}	P_{01}	dT_{01}
100	0.905	0.090	4.8
1000	0.368	0.368	367.9

对比表 4-3 与表 4-4，可以看出：

1）运输延误的概率随着运输时间 T_{y12} 的增大而增大，随着站点备件数量的增大而显著减小。

2）运输延误后果，也就是运输延误时间随着运输时间 T_{y12} 的增大而增大，随着站点备件数量的增大而显著减小。

这与前面的模拟结果极为吻合。至此，我们可以回答本节开始时的两个问题：

1）在运输时间 T_{y12} 较小或站点备件数量 S_2 较大时，运输延误的可能性较小。

2）在运输时间 T_{y12} 较小或站点备件数量 S_2 较大时，即便运输延误发生了，其延误后果也并不严重（延误时间较小）。

大量仿真结果还表明：该近似方法能很准确地评估出实际使用可用度低的备件方案对应的保障效果。其原因是备件数量太少，$T_{y12}=0$ 对应装备连续工作备件早早消耗完毕后停机，$T_{y12} \neq 0$ 对应装备间断工作、备件陆续消耗完毕后停机，运输延误不会改变所有备件倾尽全力但仍远不能满足保障任务时间（相对备件数量）过长的要求。

在实际工作中，往往对装备有着较高的使用可用度保障要求，这使得站点备件数量 S_2 较大的情况较为常见，因此，我们完全可以用运输时间 $T_{y12}=0$ 来近似计算备件方案的保障效果。

在第 2 章中，我们曾讨论过备件满足率和保障任务成功率的关系。指出在无保障延误的情况下，备件满足率就是保障任务成功率；也曾讨论过保障任务成功率和使用可用度的关系，指出在无保障延误的情况下，使用可用度是平均保障任务成功率，因此在数值上使用可用度会大于等于保障任务成功率。但在"运输时间 $T_{y12}=1000$，后方仓库备件 $S_1=3$，站点备件为 $S_2=1$"的保障效果图中，发现有模拟的保障任务成功率显著大于模拟的使用可用度这种奇怪的现象。究其原因，是我们在统计时以模拟的备件满足率是否等于 1 来作为保障任务是否成功的判据。当该备件方案在模拟时，发生保障延误时间较长的情况后，该装备处于停机等待备件的状态，不能连续工作，因而装备可运行时间实际上要小于保障任务时间。其发生故障的次数随之减小，相同数量备件支持下其备件满足率自然就高，导致出现保障任务成功率显著大于使用可用度这种现象。追根溯源，在于备件满足率的定义中，将故障发生后备件需求"立刻"得到满足和"延迟"一段时间后备件需求得到满足都视为"备件得到满足"，可以说没有考虑保障延误因素，从而出现备件满足率高、但使用可用度不高这种怪象。

使用可用度是装备累积工作时间与保障任务时间二者比例的概念，而装备累积工作时间是从保障任务时间中减去保障延误时间和（因备件消耗完毕）永久停机时间，它考虑到了保障延误的影响。

4.2 修理对保障效果的影响

在 4.1 节中，我们讨论了不修复件的两级保障效果评估问题。在实际保障工作中，产品单元发生故障后进行修理是一种更为常见的情况。为了区分修复概率等于 1 和修复概率小于 1 这两种修理结果，我们将前者称之为完全修复，后者称之为不完全修复。对同一产品，其得到整个保障组织体系支持时，可能是完全修复产品；在执行任务期间，由于只能得到保障组织体系中部分单位的支持，则是不完全修复产品。我们认为：与完全修复相比，在执行任务期间，不完全修复是一种更为普遍的情况。

我们将修理问题抽象为两个变量：修复概率 P_r 和修理时间 T_r。在本书中，除非明确指出，修复概率 P_r 都小于 1，即 $0 \leqslant P_r < 1$。

对于修理时间 T_r，假定其服从某种分布是一种最常见的做法。在 METRIC 理论中，根据帕尔姆定理，将掌握修理时间 T_r 的分布规律，简化为只需掌握平均修理时间[1]。

帕尔姆定理 若一项备件的需求服从年需求均值为 m 的泊松过程，且每一故障件的修理时间相互独立，并服从均值为 T 年的同一分布，则在修件数的稳态概率分布服从均值为 mT 的泊松分布。

根据该定理，可以不必收集修理分布形态的数据，只需知道平均修理时间，就可以进行保障效果评估，所以在备件保障人员看来，帕尔姆定理是极其重要的结论，受到普遍关注。METRIC 理论中库存平衡公式是进行一切分析的基本依据：

$$S = OH + DI - BO$$

式中　　S——备件数量；

　　　　OH——站点现有库存数；

　　　　DI——正在修理的故障件数；

　　　　BO——备件短缺数。

根据帕尔姆定理，在知道平均修理时间后，就可以知道在修件数 DI 的分布规律，从而为计算备件短缺数 BO 奠定了基础。通过备件短缺数计算使用可用度，是 METRIC 理论评估备件方案保障效果的主要思路。

鉴于 METRIC 理论的成功，我们在本书中，也把修理时间 T_r 定义为平均修理时间。本书采用 METRIC 理论中的"无限维修渠道排队假设"，即认为多个故障件在修理时不存在排队。该假定是对实际工作中"只有几项备件时在修时间实际上不存在排队或相互影响"现象的合理抽象与简化。

我们仍以两级保障组织、单站点（单装备）为例进行研究。

考虑到在实际工作中，装备现场站点的修理能力有限，一般以换件维修为主，因此假定装备现场站点的修复概率 $P_{r2}=0$，后方仓库具有一定的修理能力，其修复概率 $0 \leqslant P_{r1} < 1$。

故障件从站点到后方仓库的运输方式，可以与备件从后方仓库到站点的运输方式不一样，因此这两种运输时间之间可以不相关，没有谁大谁小的硬性要求。考虑到故障件从站点运输到后方仓库、后方仓库开展修理工作二者是连贯、无中断进行的，因此我们完全可以将故障件从站点到后方仓库的运输时间纳入到平均修理时间 T_r 中，不用再单独研究故障件从站点到后方仓库运输时间的影响。

例4.2.1 记保障任务时间为 T_w，假定：

1）保障组织体系由后方仓库和装备现场站点（以下简称站点）两级组成，后方仓库备件数量记为 S_1，站点自身配备的备件数量记为 S_2。

2）站点配有一台装备，该装备由一个故障间隔时间服从指数分布 $\exp(\mu)$ 的单元组成。

3）站点向后方仓库提出备件申请的耗时为零。

4）备件从后方仓库到站点存在运输时间 T_{y12}，T_{y12} 为常量，其物理含义为平均运输时间。

5）在站点，不对故障件进行修理，通过用备件更换故障件的方式使装备恢复工作，换件维修耗时为零。

6）站点采用 $(S-1, S)$ 备件补给策略，即：当每站点使用一件备件后，向后方仓库申领一件备件。

7）在站点，该单元的故障修复概率记为 P_{r2}，且 $P_{r2}=0$。

8）在后方仓库，该单元的故障修复概率记为 $P_{r1}(0 \leqslant P_{r1} < 1)$，修理时间为常数，记为 T_{r1}。

建立仿真模型，模拟备件方案的保障效果，并将模拟结果与运输时间 $T_{y12}=0$、修理时间 $T_{r1}=0$ 的理论计算结果进行对比，探讨将 $T_{y12}=0$、$T_{r1}=0$ 的理论计算结果作为 $T_{y12} \neq 0$、$T_{r1} \neq 0$ 近似结果的可行性。

在假定8）中，修理时间为常数是一种特殊的分布形态，根据帕尔姆定理，该假定不会影响结果的正确性。

我们首先介绍考虑修理时间和修复概率的故障处理模型。

该仿真模型基于离散事件仿真原理实现，模型中的关键事件为发生故

障。在现实工作中,产品单元发生故障后的业务主要有三项:

1)备件申请/响应。根据$(S-1, S)$备件补给策略,站点在故障发生后立刻向后方仓库请求补给一件备件。后方仓库视备件库存情况,尽快向站点下拨备件,该备件经运输时间T_{y12}后到达站点。

2)换件维修。在装备现场,如果站点还有备件,则立刻开展换件维修;如果站点没有备件则视1)备件申请结果而决定——如果后方仓库有备件,则在发出备件T_{y12}后到达时,完成换件维修,装备继续工作;如果后方仓库始终没有备件,则装备永久停机,保障任务失败。

3)修复性维修。将故障件运到后方仓库后,开展修复性维修。如修复成功,则将其作为备件进入后方仓库库存。

这三项工作之间存在一定的相关性,影响着三项工作何时(能否)最终完成。例如1)备件申请/响应和3)修复性维修,在故障发生时刻,后方仓库可能没有备件,只有当故障件修复成功后,后方仓库才会响应站点的备件申请;同样,2)换件维修和3)修复性维修,在故障发生时刻,站点和后方仓库可能都没有备件,只有当故障件修复成功、修好的故障件作为备件到达站点,经历了修理延时和运输延时后,才能完成换件维修。

由于修复性维修直接影响后方仓库库存状态,进而间接影响何时满足备件申请和完成换件维修,因此在仿真实现上述业务时,与4.1节类似:我们按照首先模拟修复性维修,然后模拟备件申请/响应,最后模拟换件维修的顺序,实现上述故障发生后的事件处理。

故障发生后,首先执行修复性维修模块,如修复成功,则更新后方仓库的备件信息。

其次,执行备件申请/响应模块。在后方仓库备件库存中寻找最早准备好的备件,将其送往站点,更新后方仓库和站点的备件库存信息。

最后,执行换件维修模块。在站点库存中寻找能被最早使用的备件,用于换件维修。如果不存在这样的备件,则本次仿真终止。

仿真终止的另一个条件为判断仿真时间是否超过保障任务时间。

由于我们将修理时间假定为常数而不是某种随机数,因此必然有"先开展修复性维修的故障件,先修理完毕(修理成功或失败)"、"先申请备件者,先得到备件",从而可用事件推进方式,按照上述先修复性维修模块、再备件申请模块、最后换件维修模块的顺序,只需依次执行一次上述模块即可完成故障发生后的所有响应。

沿着4.1节中"将运输时间 $T_{y12}=0$ 的备件方案保障效果，作为 $T_{y12}\neq0$ 时备件方案的近似保障效果"的思路，我们不妨做一个运输时间 $T_{y12}=0$ 且修理时间 $T_{r1}=0$ 时的思想实验。

当故障发生后，由于修理时间 $T_{r1}=0$，因此能瞬间得出修理结果：如果修复成功，因为运输时间 $T_{y12}=0$，则修复后的故障件瞬间回到站点，装备继续工作，就好像没有发生故障一样（第 k 次修复成功的概率为 P_{r1}^{k}）；如果修复不成功，则参照4.1节中的不修复件故障处理流程去申请备件、换件维修。

修复概率为 P_{r1} 时，连续 k 次修复成功时装备的寿命为 $\mu_2 = \mu + P_{r1}\times\mu + P_{r1}^2\times\mu + \cdots + P_{r1}^k\times\mu$，由等比数列知识可知，此时装备寿命的数学期望为 $\bar\mu_2 = \dfrac{\mu}{1-P_{r1}}$。

该思想实验提示我们：可以尝试把一个修复概率为 P_{r1}、平均故障间隔时间为 μ 的不完全修复产品，等效为一个寿命为 $\bar\mu_2 = \dfrac{\mu}{1-P_{r1}}$ 的不修复产品，进而利用4.1节中针对不修复产品的保障效果近似方法，来估计运输时间 $T_{y12}\neq0$、修理时间 $T_{r1}\neq0$ 时的保障效果。

当运输时间 $T_{y12}=0$、修理时间 $T_{r1}=0$ 时，我们认为装备的累积工作时间满足 Gamma 分布 $Ga(1+S_1+S_2,\bar\mu_2)$，因此备件方案的保障效果——使用可用度 $P_a(S_1+S_2,T_w)$ 和保障任务成功率 $P_s(S_1+S_2,T_w)$ 可用下式计算：

$$\bar\mu_2 = \frac{\mu}{1-P_{r1}}$$

$$P_s(S_1+S_2,T_w) = 1 - \frac{1}{\bar\mu_2^{\,1+S_1+S_2}\Gamma(1+S_1+S_2)}\int_{-\infty}^{T_w} t^{S_1+S_2}\mathrm{e}^{\frac{-t}{\bar\mu_2}}\mathrm{d}t \quad (4-5)$$

$$P_a(S_1+S_2,T_w) = \frac{1}{T_w}\int_0^{T_w} P_s(S_1+S_2,t)\,\mathrm{d}t$$

根据4.1节例4.1.1的结论，为了突显修理时间的影响，我们令以下四种情况的运输时间 $T_{y12}=100$，以暂时削弱其对保障效果的影响。

情况1：修复概率 $P_{r1}=0.2$，修理时间 $T_{r1}=100$，后方仓库备件 $S_1=1$，站点备件为 $S_2=3$。

情况 2：修复概率 $P_{r1} = 0.2$，修理时间 $T_{r1} = 100$，后方仓库备件 $S_1 = 3$，站点备件为 $S_2 = 1$。

情况 3：修复概率 $P_{r1} = 0.2$，修理时间 $T_{r1} = 1000$，后方仓库备件 $S_1 = 1$，站点备件为 $S_2 = 3$。

情况 4：修复概率 $P_{r1} = 0.2$，修理时间 $T_{r1} = 1000$，后方仓库备件 $S_1 = 3$，站点备件为 $S_2 = 1$。

当运输时间 $T_{y12} = 0$、修理时间 $T_{r1} = 0$ 时，装备的累积工作时间满足 Gamma 分布 $Ga(5, 1250)$，上述四种情况的近似保障效果是一样的。

以下结果中保障任务时间 T_w 的取值范围为 $1000 \sim 20000$。图 4 - 8 ~ 图 4 - 11 所示为上述四种情况的模拟结果和以 $T_{y12} = 0$、$T_{r1} = 0$ 的理论计算结果作为 $T_{y12} \neq 0$、$T_{r1} \neq 0$ 时的近似结果。

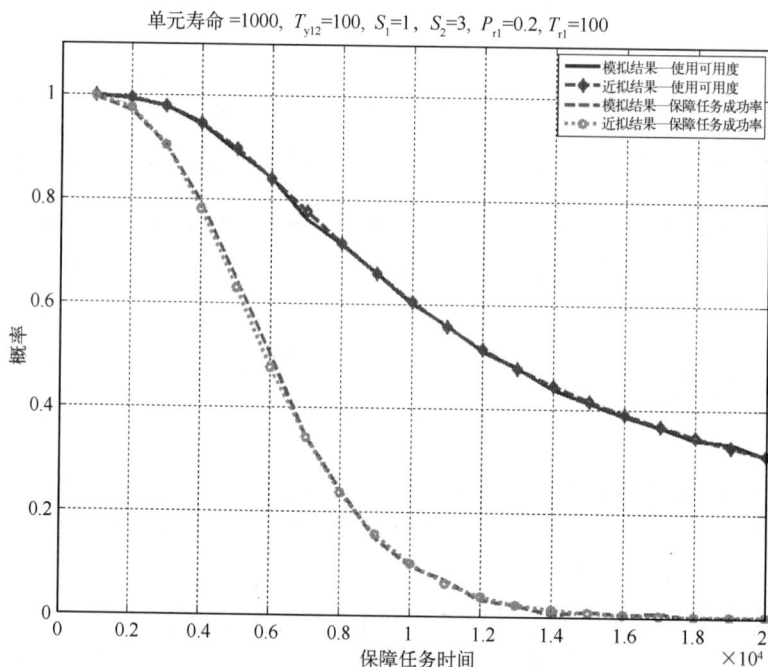

图 4 - 8　情况 1 保障效果的模拟结果和近似结果

单元寿命 =1000，T_{y12}=100，S_1=3，S_2=1，P_{r1}=0.2，T_{r1}=100

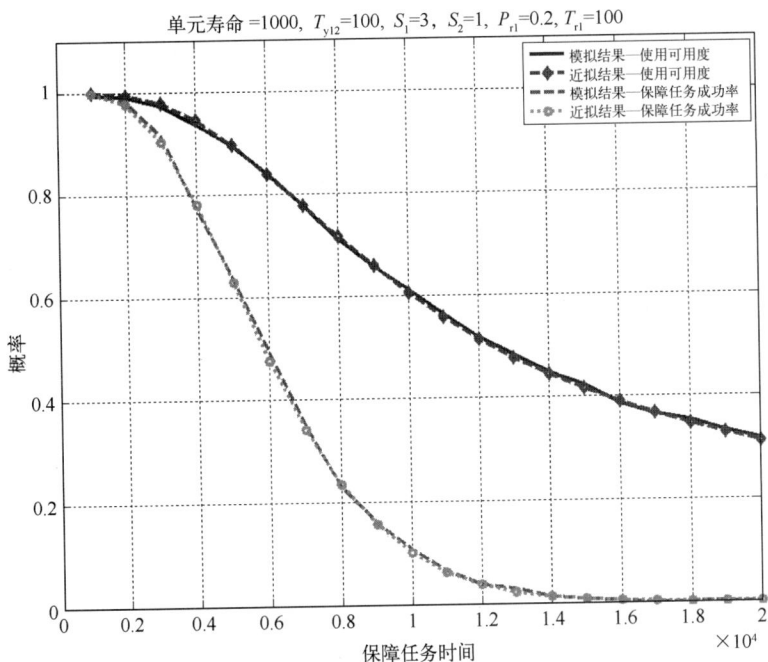

图 4－9　情况 2 保障效果的模拟结果和近似结果

单元寿命 =1000，T_{y12}=100，S_1=1，S_2=3，P_{r1}=0.2，T_{r1}=1000

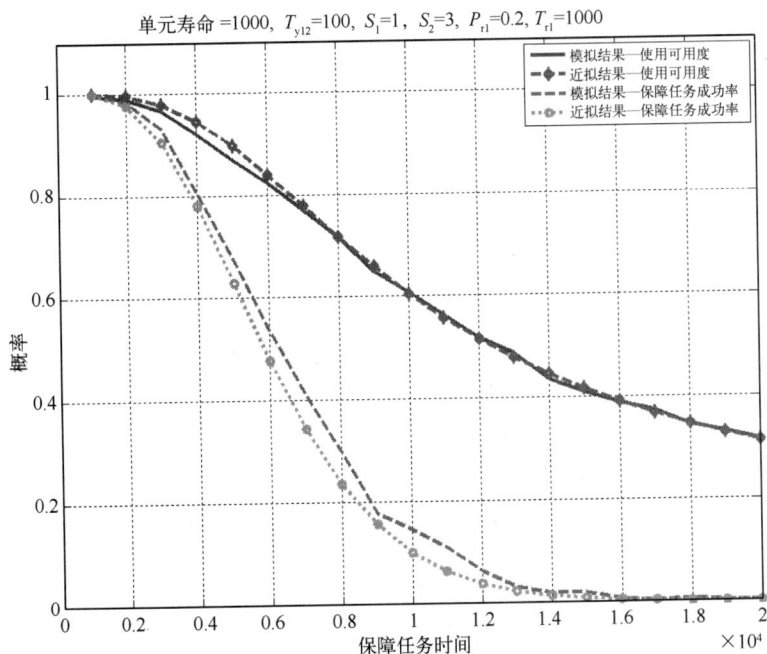

图 4－10　情况 3 保障效果的模拟结果和近似结果

单元寿命 =1000, T_{y12}=100, S_1=3, S_2=1, P_{rl}=0.2, T_{rl}=1000

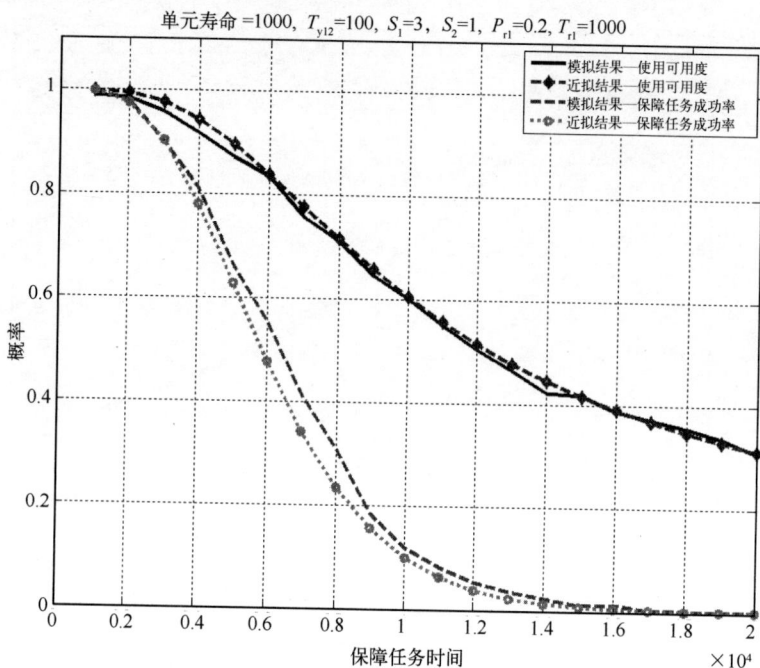

图 4 - 11　情况 4 保障效果的模拟结果和近似结果

表 4 - 5 所示为修复概率 $P_{rl} = 0.2$、运输时间 $T_{y12} = 100$，上述四种情况下使用可用度的模拟结果和近似计算结果。

表 4 - 5　四种情况使用可用度的模拟结果和近似结果

保障任务时间	模拟使用 可用度				近似使用 可用度
	$T_{rl} = 100$, $S_1 = 1$, $S_2 = 3$	$T_{rl} = 100$, $S_1 = 3$, $S_2 = 1$	$T_{rl} = 1000$, $S_1 = 1$, $S_2 = 3$	$T_{rl} = 1000$, $S_1 = 3$, $S_2 = 1$	$T_{y12} = 0$, $T_{rl} = 0$, $S = S_1 + S_2$
1000	0.999	0.995	0.996	0.991	1.000
2000	0.993	0.991	0.989	0.985	0.995
3000	0.979	0.974	0.967	0.959	0.978
4000	0.944	0.938	0.921	0.918	0.945
5000	0.891	0.894	0.870	0.872	0.897
6000	0.841	0.841	0.823	0.835	0.840
7000	0.761	0.778	0.769	0.758	0.778
8000	0.715	0.711	0.716	0.710	0.717

续表

保障任务时间	模拟使用可用度				近似使用可用度
	$T_{r1}=100$, $S_1=1$, $S_2=3$	$T_{r1}=100$, $S_1=3$, $S_2=1$	$T_{r1}=1000$, $S_1=1$, $S_2=3$	$T_{r1}=1000$, $S_1=3$, $S_2=1$	$T_{y12}=0$, $T_{r1}=0$, $S=S_1+S_2$
9000	0.658	0.658	0.649	0.645	0.658
10000	0.602	0.611	0.607	0.602	0.605
11000	0.559	0.565	0.563	0.551	0.557
12000	0.511	0.519	0.516	0.505	0.515
13000	0.480	0.484	0.486	0.465	0.478
14000	0.438	0.448	0.435	0.423	0.445
15000	0.412	0.423	0.410	0.417	0.416
16000	0.387	0.388	0.389	0.387	0.390
17000	0.367	0.365	0.373	0.371	0.367
18000	0.343	0.354	0.345	0.355	0.347
19000	0.335	0.332	0.330	0.336	0.329
20000	0.311	0.316	0.315	0.308	0.312

表4-6所示为四种情况保障任务成功率的模拟结果和近似计算结果。

表4-6 四种情况保障任务成功率的模拟结果和近似结果

保障任务时间	模拟保障任务成功率				近似保障任务成功率
	$T_{r1}=100$, $S_1=1$, $S_2=3$	$T_{r1}=100$, $S_1=3$, $S_2=1$	$T_{r1}=1000$, $S_1=1$, $S_2=3$	$T_{r1}=1000$, $S_1=3$, $S_2=1$	$T_{y12}=0$, $T_{r1}=0$, $S=S_1+S_2$
1000	0.997	0.999	1.000	0.997	0.999
2000	0.970	0.982	0.983	0.980	0.976
3000	0.905	0.916	0.930	0.901	0.904
4000	0.794	0.773	0.805	0.813	0.781
5000	0.646	0.635	0.672	0.664	0.629
6000	0.503	0.493	0.536	0.554	0.476
7000	0.343	0.348	0.409	0.414	0.342
8000	0.242	0.232	0.299	0.309	0.235

续表

保障任务时间	模拟保障任务成功率				近似保障任务成功率
	$T_{r1}=100$, $S_1=1$, $S_2=3$	$T_{r1}=100$, $S_1=3$, $S_2=1$	$T_{r1}=1000$, $S_1=1$, $S_2=3$	$T_{r1}=1000$, $S_1=3$, $S_2=1$	$T_{y12}=0$, $T_{r1}=0$, $S=S_1+S_2$
9000	0.148	0.158	0.177	0.184	0.156
10000	0.094	0.107	0.144	0.119	0.100
11000	0.069	0.065	0.110	0.082	0.062
12000	0.030	0.038	0.062	0.053	0.038
13000	0.022	0.029	0.030	0.036	0.023
14000	0.004	0.013	0.019	0.023	0.013
15000	0.009	0.008	0.019	0.012	0.008
16000	0.005	0.004	0.006	0.013	0.004
17000	0.007	0.000	0.003	0.002	0.002
18000	0.000	0.001	0.006	0.003	0.001
19000	0.000	0.001	0.002	0.001	0.001
20000	0.000	0.000	0.001	0.002	0.000

当运输时间相对较小（$T_{y12}=100$）时，对比情况 1"修理时间 $T_{r1}=100$，后方仓库备件 $S_1=1$，站点备件为 $S_2=3$"、情况 2"修理时间 $T_{r1}=100$，后方仓库备件 $S_1=3$，站点备件为 $S_2=1$"的模拟结果与 $T_{y12}=0$、$T_{r1}=0$ 的理论计算结果，发现三者的保障效果极为一致。它说明：当修理时间和装备的寿命之间的比例 $\dfrac{T_{r1}}{\mu}$ 较小时，只要站点的初始备件数量不为 0，以 $T_{y12}=0$、$T_{r1}=0$ 的理论计算结果作为 $T_{y12}\neq0$、$T_{r1}\neq0$ 时的近似结果是合理的。

对比情况 3"修理时间 $T_{r1}=1000$，后方仓库备件 $S_1=1$，站点备件为 $S_2=3$"、情况 4"理时间 $T_{r1}=1000$，后方仓库备件 $S_1=3$，站点备件为 $S_2=1$"的模拟结果与 $T_{y12}=0$、$T_{r1}=0$ 的理论计算结果，发现情况 3 和情况 4 的模拟结果较为一致，与 $T_{y12}=0$、$T_{r1}=0$ 结果的一致性程度稍逊情况 1 和情况 2，但误差并不大。究其原因，在于情况 3 的站点备件数量较大，站点备件不仅为备件运输赢得了缓冲时间，还为修理工作赢得了缓冲时间，直接降低了修理延误风险、减小了延误时间；而情况 4 的后方仓库备件数量较大，从而为修理工作赢得了缓冲时间，也达到了降低修理延误风险、减小修理延误时间的效果。这两种情况都大大抵消了修理时间长的不利影响。该结果说明：即便修理时间和装备的寿命之间的比例 $\left(\dfrac{T_{y12}}{\mu}\right)$ 较大时（例4.1.2中该比例为1），只要增加站点或后方仓库的初始备件数量，也能有效抵消修理耗时的影响，此时以 $T_{y12}=0$、$T_{r1}=0$ 的理论计算结果作为 $T_{y12}\neq0$、$T_{r1}\neq0$ 时的近似结果仍然可行。

　　表4-7所示为修复概率 $P_{r1}=0.5$、运输时间 $T_{y12}=100$，上述四种情况下使用可用度的模拟结果和近似计算结果。

表4-7　修复概率为0.5时四种情况使用可用度的模拟结果和近似结果

保障任务时间	模拟使用可用度				近似使用可用度
	$T_{r1}=100$, $S_1=1$, $S_2=3$	$T_{r1}=100$, $S_1=3$, $S_2=1$	$T_{r1}=1000$, $S_1=1$, $S_2=3$	$T_{r1}=1000$, $S_1=3$, $S_2=1$	$T_{y12}=0$, $T_{r1}=0$, $S=S_1+S_2$
1000	1.000	0.996	0.999	0.993	1.000
2000	1.000	0.994	0.988	0.989	0.999
3000	0.994	0.990	0.976	0.981	0.996
4000	0.983	0.981	0.968	0.962	0.989
5000	0.975	0.965	0.943	0.937	0.975
6000	0.951	0.950	0.922	0.910	0.955
7000	0.926	0.921	0.894	0.894	0.929
8000	0.894	0.887	0.864	0.849	0.897
9000	0.865	0.846	0.827	0.824	0.862
10000	0.822	0.830	0.776	0.799	0.825
11000	0.778	0.795	0.762	0.754	0.786
12000	0.741	0.734	0.709	0.731	0.747
13000	0.707	0.714	0.688	0.680	0.709
14000	0.674	0.677	0.662	0.652	0.672
15000	0.629	0.645	0.633	0.630	0.638
16000	0.606	0.606	0.603	0.597	0.605
17000	0.570	0.579	0.569	0.566	0.575
18000	0.545	0.538	0.541	0.536	0.546

保障任务时间	模拟使用可用度				近似使用可用度
	$T_{rl}=100,$ $S_1=1,$ $S_2=3$	$T_{rl}=100,$ $S_1=3,$ $S_2=1$	$T_{rl}=1000,$ $S_1=1,$ $S_2=3$	$T_{rl}=1000,$ $S_1=3,$ $S_2=1$	$T_{y12}=0,$ $T_{rl}=0,$ $S=S_1+S_2$
19000	0.522	0.528	0.513	0.513	0.520
20000	0.488	0.500	0.493	0.491	0.496

表 4 – 8 所示为修复概率 $P_{rl}=0.5$、运输时间 $T_{y12}=100$，上述四种情况下保障任务成功率的模拟结果和近似计算结果。

表 4 – 8 修复概率为 0.5 时四种情况保障任务成功率的模拟结果和近似结果

保障任务时间	模拟保障任务成功率				近似保障任务成功率
	$T_{rl}=100,$ $S_1=1,$ $S_2=3$	$T_{rl}=100,$ $S_1=3,$ $S_2=1$	$T_{rl}=1000,$ $S_1=1,$ $S_2=3$	$T_{rl}=1000,$ $S_1=3,$ $S_2=1$	$T_{y12}=0,$ $T_{rl}=0,$ $S=S_1+S_2$
1000	0.998	1.000	1.000	0.999	1.000
2000	0.999	0.994	0.997	1.000	0.996
3000	0.976	0.980	0.987	0.987	0.981
4000	0.936	0.954	0.966	0.973	0.947
5000	0.903	0.891	0.919	0.915	0.891
6000	0.832	0.835	0.876	0.860	0.815
7000	0.734	0.738	0.795	0.792	0.725
8000	0.650	0.627	0.731	0.697	0.629
9000	0.568	0.534	0.663	0.658	0.532
10000	0.451	0.486	0.546	0.561	0.440
11000	0.383	0.390	0.495	0.494	0.358
12000	0.286	0.286	0.408	0.422	0.285
13000	0.240	0.271	0.335	0.349	0.224
14000	0.183	0.191	0.296	0.271	0.173
15000	0.127	0.149	0.232	0.231	0.132
16000	0.105	0.102	0.197	0.185	0.100
17000	0.067	0.087	0.156	0.154	0.074

保障任务时间	模拟保障任务成功率				近似保障任务成功率
	$T_{r1}=100$, $S_1=1$, $S_2=3$	$T_{r1}=100$, $S_1=3$, $S_2=1$	$T_{r1}=1000$, $S_1=1$, $S_2=3$	$T_{r1}=1000$, $S_1=3$, $S_2=1$	$T_{y12}=0$, $T_{r1}=0$, $S=S_1+S_2$
18000	0.063	0.057	0.117	0.116	0.055
19000	0.053	0.050	0.085	0.094	0.040
20000	0.029	0.028	0.072	0.076	0.029

表 4-9 所示为修复概率 $P_{r1}=0.8$、运输时间 $T_{y12}=100$，上述四种情况下使用可用度的模拟结果和近似计算结果。

表 4-9　修复概率为 0.8 时四种情况使用可用度的模拟结果和近似结果

保障任务时间	模拟使用可用度				近似使用可用度
	$T_{r1}=100$, $S_1=1$, $S_2=3$	$T_{r1}=100$, $S_1=3$, $S_2=1$	$T_{r1}=1000$, $S_1=1$, $S_2=3$	$T_{r1}=1000$, $S_1=3$, $S_2=1$	$T_{y12}=0$, $T_{r1}=0$, $S=S_1+S_2$
1000	1.000	0.995	0.997	0.994	1.000
2000	1.000	0.996	0.996	0.992	1.000
3000	1.000	0.996	0.994	0.989	1.000
4000	0.999	0.994	0.992	0.988	1.000
5000	0.999	0.994	0.984	0.982	0.999
6000	0.996	0.994	0.981	0.974	0.999
7000	0.995	0.991	0.975	0.969	0.997
8000	0.994	0.992	0.968	0.966	0.995
9000	0.989	0.987	0.961	0.960	0.992
10000	0.986	0.984	0.956	0.952	0.989
11000	0.981	0.976	0.945	0.945	0.984
12000	0.970	0.968	0.939	0.929	0.978
13000	0.963	0.964	0.926	0.916	0.972
14000	0.960	0.950	0.919	0.916	0.964
15000	0.951	0.952	0.906	0.902	0.955
16000	0.939	0.941	0.888	0.889	0.945

保障任务时间	模拟使用可用度				近似使用可用度
	$T_{rl}=100$, $S_1=1$, $S_2=3$	$T_{rl}=100$, $S_1=3$, $S_2=1$	$T_{rl}=1000$, $S_1=1$, $S_2=3$	$T_{rl}=1000$, $S_1=3$, $S_2=1$	$T_{y12}=0$, $T_{rl}=0$, $S=S_1+S_2$
17000	0.928	0.926	0.878	0.882	0.935
18000	0.920	0.912	0.872	0.866	0.923
19000	0.902	0.897	0.855	0.854	0.911
20000	0.887	0.887	0.846	0.836	0.897

表 4 – 10 所示为修复概率 $P_{rl}=0.8$、运输时间 $T_{y12}=100$，上述四种情况下保障任务成功率的模拟结果和近似计算结果。

表 4 – 10　修复概率为 0.8 时四种情况保障任务成功率的模拟结果和近似结果

保障任务时间	模拟保障任务成功率				近似保障任务成功率
	$T_{rl}=100$, $S_1=1$, $S_2=3$	$T_{rl}=100$, $S_1=3$, $S_2=1$	$T_{rl}=1000$, $S_1=1$, $S_2=3$	$T_{rl}=1000$, $S_1=3$, $S_2=1$	$T_{y12}=0$, $T_{rl}=0$, $S=S_1+S_2$
1000	1.000	1.000	1.000	1.000	1.000
2000	1.000	1.000	1.000	1.000	1.000
3000	1.000	1.000	1.000	1.000	1.000
4000	0.999	0.998	1.000	1.000	0.999
5000	0.998	0.997	0.996	1.000	0.996
6000	0.990	0.999	0.998	0.994	0.992
7000	0.984	0.983	0.990	0.991	0.986
8000	0.988	0.988	0.990	0.991	0.976
9000	0.957	0.973	0.983	0.980	0.964
10000	0.959	0.963	0.974	0.967	0.947
11000	0.932	0.932	0.953	0.971	0.928
12000	0.906	0.909	0.946	0.955	0.904
13000	0.883	0.887	0.939	0.922	0.877
14000	0.876	0.840	0.923	0.923	0.848
15000	0.830	0.849	0.907	0.902	0.815

续表

保障任务时间	模拟保障任务成功率				近似保障任务成功率
	$T_{rl}=100$, $S_1=1$, $S_2=3$	$T_{rl}=100$, $S_1=3$, $S_2=1$	$T_{rl}=1000$, $S_1=1$, $S_2=3$	$T_{rl}=1000$, $S_1=3$, $S_2=1$	$T_{y12}=0$, $T_{rl}=0$, $S=S_1+S_2$
16000	0.810	0.808	0.867	0.871	0.781
17000	0.776	0.755	0.846	0.846	0.744
18000	0.732	0.733	0.832	0.814	0.706
19000	0.678	0.686	0.796	0.798	0.668
20000	0.642	0.653	0.774	0.745	0.629

$P_{rl}=0.5$ 和 $P_{rl}=0.8$ 分别对应修复效果一般和良好两种情况。将其与 $P_{rl}=0.2$ 的结果进行对比，发现三者之间表现出来的（模拟结果与近似结果）一致性现象是类似的。

在修理时间为 1000 时，$P_{rl}=0.2$、$P_{rl}=0.5$ 和 $P_{rl}=0.8$ 三者在保障任务成功率指标上，模拟结果与近似结果相差较大，其主要原因在 4.1 节中已指出：以模拟的备件满足率等于 1 作为评判保障任务是否成功的判据时，由于备件满足率概念不能区分"备件需求立刻被满足"和"备件需求延迟一段时间后被满足"，导致出现在保障任务成功率的模拟结果与近似结果相差较大，伴随该现象的还有模拟的使用可用度显著小于保障任务成功率的怪象。

可以预计：当运输时间 $T_{y12}=1000$、运输时间 $T_{y12}=1000$ 时，模拟结果与近似结果误差最大发生在"后方仓库备件 $S_1=3$，站点备件为 $S_2=1$"情况下，"后方仓库备件 $S_1=1$，站点备件为 $S_2=3$"的近似结果与模拟结果误差程度将有所减小。原因在于后方仓库的备件只能抵消修理延误的影响，不能抵消运输延误的影响，而站点备件能同时抵消修理延误和运输延误的影响，因此用近似方法来评估站点备件数量较大方案时，评估结果的准确性会更高。

图 4-12、图 4-13、表 4-11 所示为 $P_{rl}=0.2$、$T_{rl}=1000$、运输时间 $T_{y12}=1000$ 的模拟结果和近似结果。

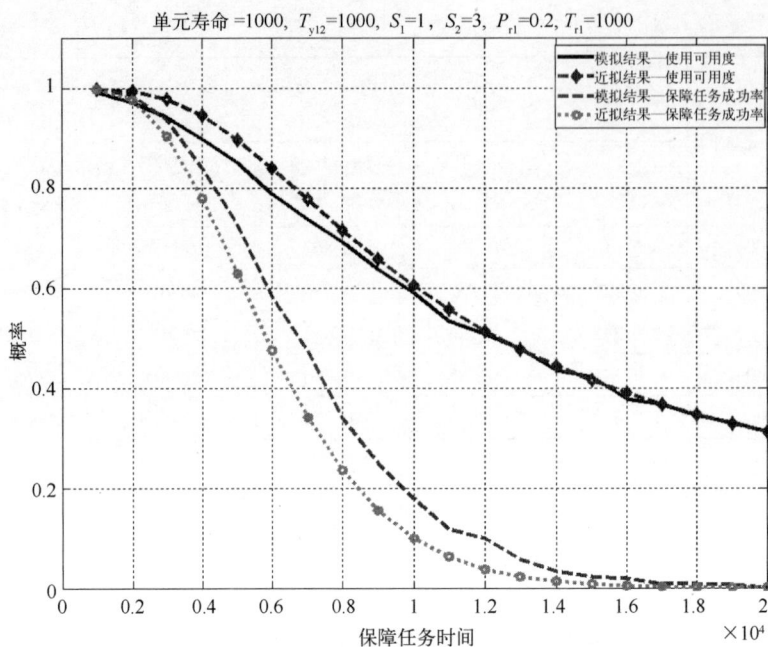

图 4-12　站点备件为 3、修理时间和运输时间均为 1000 时
保障效果的模拟结果和近似结果

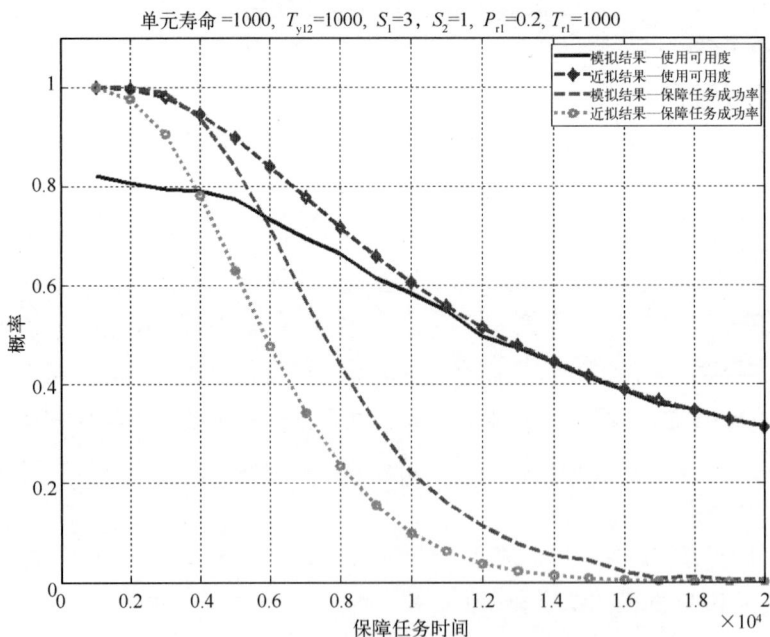

图 4-13　修理时间和运输时间均为 1000 时不同备件方案
保障效果的模拟结果和近似结果

表4-11 修理概率为0.2、修理时间和运输时间均为1000时的模拟结果和近似结果

保障任务时间	模拟使用可用度		近似使用可用度	模拟保障任务成功率		近似保障任务成功率
	$T_{y12}=1000$ $T_{r1}=1000$ $S_1=1$, $S_2=3$	$T_{y12}=1000$ $T_{r1}=1000$ $S_1=3$, $S_2=1$	$T_{y12}=0$ $T_{r1}=0$ $S=S_1+S_2$	$T_{y12}=1000$ $T_{r1}=1000$ $S_1=1$, $S_2=3$	$T_{y12}=1000$ $T_{r1}=1000$ $S_1=3$, $S_2=1$	$T_{y12}=0$ $T_{r1}=0$ $S=S_1+S_2$
1000	0.993	0.821	1.000	1.000	1.000	0.999
2000	0.972	0.807	0.995	0.986	1.000	0.976
3000	0.942	0.795	0.978	0.937	0.989	0.904
4000	0.899	0.791	0.945	0.840	0.937	0.781
5000	0.851	0.774	0.897	0.728	0.839	0.629
6000	0.790	0.733	0.840	0.584	0.716	0.476
7000	0.739	0.694	0.778	0.474	0.567	0.342
8000	0.693	0.664	0.717	0.340	0.439	0.235
9000	0.638	0.614	0.658	0.250	0.321	0.156
10000	0.590	0.584	0.605	0.179	0.220	0.100
11000	0.534	0.549	0.557	0.118	0.161	0.062
12000	0.510	0.497	0.515	0.100	0.113	0.038
13000	0.479	0.473	0.478	0.057	0.078	0.023
14000	0.437	0.443	0.445	0.034	0.054	0.013
15000	0.423	0.413	0.416	0.022	0.044	0.008
16000	0.379	0.388	0.390	0.020	0.021	0.004
17000	0.368	0.361	0.367	0.008	0.009	0.002
18000	0.345	0.350	0.347	0.009	0.011	0.001
19000	0.331	0.330	0.329	0.007	0.005	0.001
20000	0.313	0.315	0.312	0.001	0.005	0.000

4.3 多站点间的备件资源竞争

在前面，我们以两级单站点为例，讨论了运输时间和修理时间对保障延误的影响。在实际的多等级保障工作中，多等级多站点是更为普遍的情况。从两级单站点得出的有关运输时间和修理时间对保障延误的结论，也能适用于两级多站点。

两级多站点与两级单站点最显著的区别是什么？

我们认为：两级单站点时，后方仓库的备件都用在一个站点上；两级多站点时，后方仓库的备件是面向所有站点的，站点按照"先申请先获得"的原则，去竞争后方仓库的备件。我们把如何将上一级的备件分配到下一级的问题，称之为多站点间的备件资源竞争问题。

存在备件资源竞争，是两级多站点与两级单站点最显著的区别。

我们仍以两级两站点为例，对多站点间的备件资源竞争问题展开讨论。

显然，如果两站点一摸一样的话，则两站点将平均分配后方仓库的备件。因此，多站点间的备件资源竞争问题，应该针对多站点之间存在差异，其解决方法才更有普遍意义。

在$(S-1, S)$备件补充策略下，后方仓库备件的被消耗（用于补充站点的备件）与站点上发生的故障紧密相关。而故障发生的规律，主要由产品的可靠性和工作强度决定。由于各站点使用相同型号的装备，因此装备的可靠性特性都是一样的，主要通过工作强度的差异，来反映站点之间的差异。

站点的工作强度取决于装备的列装数量和单装的每周或每天平均工作时间。为便于讨论，我们假定所有站点的单装每周或每天平均工作时间一样，而站点的装备列装数量可以不同。

我们首先针对不修复件产品单元研究两站点备件资源竞争问题。

例4.3.1 记保障任务时间为T_w，两个站点列装同型号的产品单元，列装数分别为n_1、n_2，产品单元为不修复件，寿命服从指数分布$\exp(\mu)$。假定站点内产品单元之间为串联关系，请模拟备件无限供应、产品连续工作情况下，在时间轴上两站点发生故障的比例。

该题可采用蒙特卡洛仿真模型。

以一个包含$n_1 + n_2$位随机数的行数组T_1来模拟$n_1 + n_2$个产品单元的寿命，如下：

$$\begin{cases} T_1 = \begin{bmatrix} t_1 & t_2 & \cdots & t_{n_1} & t_{n_1+1} & t_{n_1+2} & \cdots & t_{n_1+n_2} \end{bmatrix} \\ t_i \text{ 服从指数分布 } \exp(\mu), 1 \leqslant i \leqslant n_1 + n_2 \end{cases}$$

从T_1中取出最小数，记其序号为$\min I$，即 $\begin{cases} T(\min I) = t_{\min I} \leqslant t_i \\ 1 \leqslant \min I \leqslant n_1 + n_2 \\ 1 \leqslant i \leqslant n_1 + n_2 \end{cases}$

当 $1 \leqslant \min I \leqslant n_1$ 时，该故障发生在站点 1；当 $n_1 + 1 \leqslant \min I \leqslant n_1 + n_2$ 时，故障发生在站点 2。

当故障发生后，推进仿真时间 $\mathrm{sim}T = \mathrm{sim}T + t_{\min I}$。记录该次故障发生的仿真时间 $\mathrm{sim}T$ 和所在站点信息。

模拟更换故障件如下：

先令：

$$T_1 = T_1 - t_{\min I}$$

$$= [\,t_1 - t_{\min I} \quad t_2 - t_{\min I} \quad \cdots \quad t_{n_1} - t_{\min I} \quad t_{n_1+1} - t_{\min I} \quad t_{n_1+2} - t_{\min I} \quad \cdots \quad t_{n_1+n_2} - t_{\min I}\,],$$

用来模拟其他产品单元的剩余寿命。再根据指数分布 $\exp(\mu)$ 产生一个随机数 t'，令 $T_1(\min I) = t'$ 来实现换件维修。

当仿真时间 $\mathrm{sim}T$ 大于等于保障任务时间 T_w 时，仿真终止。

多次运行上述模型后，将时间轴上的 $[0, T_w]$ 区间等分为 N 个区间段，统计两个站点在各个区间发生的故障数量，并计算其比例。

典型模拟结果如图 4-14 所示，其中：单元平均寿命 $\mu = 1000$，保障任务时间 $T_w = 100000$，站点 1 的列装数 $n_1 = 1$，站点 2 的列装数 $n_2 = 3$。

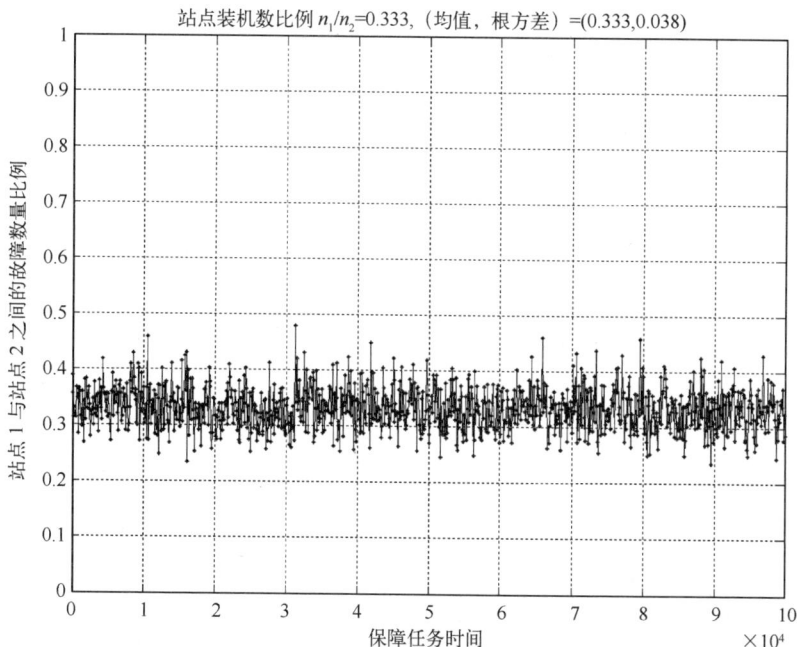

图 4-14　两站点故障数量比例模拟结果

表 4 – 12 所示为多种 n_1、n_2 的模拟结果。

表 4 – 12　两站点故障数量比例模拟结果

站点的列装数 (n_1, n_2)	站点间的列装数比例 $\dfrac{n_1}{n_2}$	站点间的故障数量比例	
		均值	根方差
(1, 2)	0.500	0.502	0.063
(1, 3)	0.333	0.334	0.039
(1, 4)	0.250	0.251	0.028
(1, 5)	0.200	0.201	0.023
(2, 3)	0.667	0.672	0.060
(2, 4)	0.500	0.500	0.043
(2, 5)	0.400	0.401	0.033
(3, 4)	0.750	0.750	0.057
(3, 5)	0.600	0.605	0.043
(4, 5)	0.800	0.801	0.057

大量模拟结果显示：站点之间的故障比例在整个时间轴上为均匀分布，该比例与站点间的列装数比例极为接近。

该现象的原因在于：对于寿命服从指数分布 $\exp(\mu)$ 的单元，由于指数分布的无记忆性，其在某时间区间段内发生故障的次数与区间的时间起点/终点无关，只与区间的长度 t 有关，且该时间内的平均故障次数 $N_g = \dfrac{t}{\mu}$。所以，站点 1 在区间内的平均故障次数 $N_{g1} = \dfrac{n_1 \times t}{\mu}$，站点 2 在区间内的平均故障次数 $N_{g2} = \dfrac{n_2 \times t}{\mu}$，站点之间的故障比例 P_{g12} 为：

$$P_{g12} = \frac{N_{g1}}{N_{g2}} = \frac{\dfrac{n_1 t}{\mu}}{\dfrac{n_2 t}{\mu}} = \frac{n_1}{n_2} \qquad (4 - 6)$$

模拟结果与上述分析相吻合。

因此，可以断定：站点 1 竞争到的上级备件数量占上级总备件数量的比例 P_{g1} 为：

$$P_{g1} = \frac{N_{g1}}{N_{g1} + N_{g2}} = \frac{n_1}{n_1 + n_2} \qquad (4 - 7)$$

站点 2 竞争到的上级备件数量占上级总备件数量的比例 P_{g2} 为下式：

$$P_{g2} = \frac{N_{g2}}{N_{g1} + N_{g2}} = \frac{n_2}{n_1 + n_2} \qquad (4-8)$$

当各站点的每周平均时间 t_{01}、t_{02} 不相同时，站点 1 竞争到的上级备件数量占上级总备件数量的比例 P_{g1} 为下式：

$$P_{g1} = \frac{N_{g1}}{N_{g1} + N_{g2}} = \frac{n_1 \times t_{01}}{n_1 \times t_{01} + n_2 \times t_{02}} \qquad (4-9)$$

站点 2 竞争到的上级备件数量占上级总备件数量的比例 P_{g2} 为下式：

$$P_{g2} = \frac{N_{g2}}{N_{g1} + N_{g2}} = \frac{n_2 \times t_{02}}{n_1 \times t_{01} + n_2 \times t_{02}} \qquad (4-10)$$

P_{g1}、P_{g2} 反映了各站点竞争上级备件资源的竞争力。

例 4.3.2 记保障任务时间为 T_w，假定：

1）保障组织体系为两级两站点，后方仓库备件数量记为 S_1，站点 1 自身配备的备件数量记为 S_{21}，站点 2 自身配备的备件数量记为 S_{22}。

2）站点 1 配有 n_1 个产品单元，站点 2 配有 n_2 个产品单元；产品单元故障间隔时间服从指数分布 $\exp(\mu)$；站点内各单元之间为串联关系；各个站点的产品为连续工作，每天的工作时间相同。

3）站点向后方仓库提出备件申请的耗时为零。

4）备件从后方仓库到站点存在运输时间 T_{y12}，T_{y12} 为常量，其物理含义为平均运输时间。

5）在站点，换件维修耗时为零。

6）站点采用 $(S-1, S)$ 备件补给策略，即：当每站点使用一件备件后，向后方仓库申领一件备件。

7）在站点，该单元的故障修复概率记为 $P_{r2}(0 \leqslant P_{r2} < 1)$，修理时间为常数，记为 T_{r2}。

8）在后方仓库，该单元的故障修复概率记为 $P_{r1}(0 \leqslant P_{r1} < 1)$，修理时间为常数，记为 T_{r1}。

建立仿真模型，模拟备件方案的保障效果，并将模拟结果与（运输耗时、修理耗时都为零）近似评估算法的结果进行对比。

本题的仿真模型实际上是例 4.1.1、例 4.2.1 中仿真模型的综合，在此不再累述。由于两个站点在故障发生后的处理流程是一致的，在此简要列出故障处理仿真流程：

1) 在站点进行修复性修理。如果修理成功，则更新站点备件库存状态，转步骤 3)；如果修理失败，则向后方仓库申请备件，同时故障件后送到后方仓库进行修复性修理，并根据修理结果更新后方仓库备件库存状态。

2) 后方仓库响应站点的备件申请。根据后方仓库的备件库存状态对站点的备件申请做出响应，更新后方仓库和站点的备件库存信息。

3) 在站点开始换件维修。根据站点的备件库存信息，完成换件维修，更新站点的备件库存信息。

各站点终止仿真的条件为：

① 仿真时间超过保障任务时间。

② 步骤 3) 中站点无备件可用。

近似评估算法如下：

1) 将不完全修复产品单元等效为不修复件。不完全修复产品单元的故障间隔时间服从指数分布 $\exp(\mu)$，则等效后的不修复件寿命服从指数分布 $\exp(\mu_2)$：

$$\mu_2 = \frac{\mu}{1 - (P_{r2} + (1 - P_{r2})P_{r1})} \qquad (4-11)$$

2) 计算各站点"竞争"获得的后方仓库备件数量。站点 1 的竞争力 P_{g1}、站点 2 的竞争力 P_{g2} 为：

$$P_{g1} = \frac{\dfrac{n_1}{\mu_2}}{\dfrac{n_1}{\mu_2} + \dfrac{n_2}{\mu_2}} = \frac{n_1}{n_1 + n_2}$$

$$\qquad (4-12)$$

$$P_{g2} = \frac{\dfrac{n_2}{\mu_2}}{\dfrac{n_1}{\mu_2} + \dfrac{n_2}{\mu_2}} = \frac{n_2}{n_1 + n_2}$$

站点 1、站点 2 获得后方仓库备件数量 S_{11}、S_{12} 为：

$$S_{11} = P_{g1}S_1 = \frac{n_1}{n_1 + n_2}S_1$$

$$\qquad (4-13)$$

$$S_{12} = P_{g2}S_1 = \frac{n_2}{n_1 + n_2}S_1$$

3)计算各站点备件方案的保障效果。站点 1 的累积工作时间服从 Gamma 分布 $Ga(1 + S_{11} + S_{21}, \frac{\mu_2}{n_1})$，站点 2 的累积工作时间服从 Gamma 分布 $Ga(1 + S_{12} + S_{22}, \frac{\mu_2}{n_2})$，并据此计算其使用可用度。

为讨论方便起见，以期能更清晰地了解近似评估算法的准确性。在以下算例中，我们令所有的运输时间、修理时间为同一数值，后方仓库和各站点的备件数量为同一数值。

以下算例中：保障时间 T_w 取值范围为 1000～20000，产品单元故障间隔平均时间 $\mu = 1000$，站点的故障修复概率 $P_{r2} = 0.2$，后方仓库的故障修复概率 $P_{r1} = 0.4$，站点 1 的产品单元列装数 $n_1 = 2$，站点 2 的产品单元列装数 $n_2 = 3$，令备件运输时间 T_{y12}、站点修理时间 T_{r2}、后方仓库修理时间 T_{r1} 满足关系 $T_{y12} = T_{r2} = T_{r1}$，令后方仓库备件数量 S_1、站点 1 备件数量 S_{21}、站点 2 备件数量 S_{22} 满足关系 $S_1 = S_{21} = S_{22}$。

表 4 – 13 ～ 表 4 – 16 所示为运输（修理）时间 $T_{y12} = T_{r2} = T_{r1} = 100$，后方仓库（站点）备件分别为 2，3，4，5 时使用可用度的模拟结果和评估结果。

表 4 – 13　后方仓库、站点 1 和站点 2 备件全为 2 时使用可用度的模拟结果和评估结果

| 保障时间 | 后方仓库备件 = 2，站点 1 备件 = 2，站点 2 备件 = 2 | | | |
| | 站点 1：列装数 = 2 | | 站点 2：列装数 = 3 | |
	模拟	评估	模拟	评估
1000	0.989	0.995	0.972	0.989
2000	0.945	0.958	0.877	0.918
3000	0.852	0.886	0.747	0.798
4000	0.759	0.796	0.607	0.673
5000	0.651	0.704	0.507	0.566
6000	0.581	0.620	0.428	0.481
7000	0.499	0.548	0.362	0.415
8000	0.460	0.487	0.324	0.364
9000	0.398	0.436	0.290	0.324
10000	0.369	0.394	0.257	0.292

保障时间	后方仓库备件＝2，站点1备件＝2，站点2备件＝2			
	站点1：列装数＝2		站点2：列装数＝3	
	模拟	评估	模拟	评估
11000	0.330	0.359	0.231	0.265
12000	0.304	0.330	0.215	0.243
13000	0.280	0.304	0.202	0.224
14000	0.255	0.283	0.186	0.208
15000	0.244	0.264	0.176	0.194
16000	0.226	0.247	0.158	0.182
17000	0.216	0.233	0.151	0.172
18000	0.208	0.220	0.144	0.162
19000	0.189	0.208	0.137	0.154
20000	0.179	0.198	0.130	0.146

表4-14 后方仓库、站点1和站点2备件全为3时使用可用度的模拟结果和评估结果

保障时间	后方仓库备件＝3，站点1备件＝3，站点2备件＝3			
	站点1：列装数＝2		站点2：列装数＝3	
	模拟	评估	模拟	评估
1000	0.999	1.000	0.997	0.999
2000	0.994	0.993	0.978	0.982
3000	0.961	0.967	0.899	0.927
4000	0.912	0.921	0.792	0.839
5000	0.830	0.857	0.685	0.740
6000	0.759	0.786	0.598	0.647
7000	0.695	0.714	0.519	0.567
8000	0.618	0.647	0.461	0.500
9000	0.569	0.587	0.416	0.447
10000	0.506	0.535	0.367	0.402
11000	0.462	0.489	0.338	0.366
12000	0.427	0.450	0.308	0.336
13000	0.385	0.416	0.287	0.310

续表

| 保障时间 | 后方仓库备件 =3，站点 1 备件 =3，站点 2 备件 =3 | | | |
| | 站点 1：列装数 =2 | | 站点 2：列装数 =3 | |
	模拟	评估	模拟	评估
14000	0.368	0.387	0.261	0.288
15000	0.337	0.361	0.249	0.269
16000	0.319	0.338	0.230	0.252
17000	0.299	0.319	0.223	0.237
18000	0.287	0.301	0.205	0.224
19000	0.270	0.285	0.197	0.212
20000	0.256	0.271	0.183	0.201

表 4 - 15 后方仓库、站点 1 和站点 2 备件全为 4 时使用可用度的模拟结果和评估结果

| 保障时间 | 后方仓库备件 =4，站点 1 备件 =4，站点 2 备件 =4 | | | |
| | 站点 1：列装数 =2 | | 站点 2：列装数 =3 | |
	模拟	评估	模拟	评估
1000	1.000	1.000	1.000	1.000
2000	0.999	0.999	0.997	0.997
3000	0.993	0.993	0.971	0.979
4000	0.972	0.975	0.919	0.935
5000	0.935	0.942	0.841	0.866
6000	0.887	0.895	0.753	0.785
7000	0.831	0.839	0.668	0.704
8000	0.754	0.780	0.594	0.630
9000	0.696	0.720	0.527	0.566
10000	0.637	0.664	0.485	0.512
11000	0.581	0.613	0.443	0.467
12000	0.547	0.567	0.405	0.428
13000	0.513	0.526	0.367	0.395
14000	0.466	0.489	0.342	0.367
15000	0.438	0.458	0.320	0.343
16000	0.401	0.429	0.298	0.321

续表

后方仓库备件 =4，站点 1 备件 =4，站点 2 备件 =4				
保障时间	站点 1：列装数 =2		站点 2：列装数 =3	
	模拟	评估	模拟	评估
17000	0.390	0.404	0.285	0.302
18000	0.362	0.382	0.265	0.285
19000	0.345	0.362	0.253	0.270
20000	0.336	0.344	0.244	0.257

表 4 – 16 后方仓库、站点 1 和站点 2 备件全为 5 时使用可用度的模拟结果和评估结果

后方仓库备件 =5，站点 1 备件 =5，站点 2 备件 =5				
保障时间	站点 1：列装数 =2		站点 2：列装数 =3	
	模拟	评估	模拟	评估
1000	1.000	1.000	1.000	1.000
2000	1.000	1.000	0.999	1.000
3000	0.999	0.999	0.992	0.995
4000	0.994	0.993	0.975	0.978
5000	0.977	0.980	0.927	0.941
6000	0.950	0.955	0.875	0.884
7000	0.925	0.920	0.789	0.817
8000	0.862	0.876	0.710	0.746
9000	0.806	0.827	0.653	0.679
10000	0.771	0.775	0.582	0.619
11000	0.708	0.724	0.535	0.566
12000	0.661	0.676	0.491	0.520
13000	0.612	0.631	0.452	0.480
14000	0.552	0.590	0.414	0.446
15000	0.525	0.553	0.392	0.417
16000	0.499	0.519	0.376	0.391
17000	0.471	0.489	0.350	0.368
18000	0.439	0.463	0.328	0.347
19000	0.424	0.438	0.311	0.329
20000	0.407	0.417	0.295	0.312

对上述表，我们用以下两种误差来进行统计分析：

误差 A：使用可用度评估值不低于 0.9 时，使用可用度评估值与使用可用度模拟值的最大误差。

误差 B：使用可用度评估值与使用可用度模拟值的最大误差。

在实际工作中，一般都有着较高的保障指标要求，因此误差 A 指标更具现实意义。

表 4 - 17 所示为使用可用度模拟值和评估值的误差统计结果。

表 4 - 17　使用可用度模拟值和评估值的误差统计结果

备件方案	站点 1		站点 2	
	误差 A	误差 B	误差 A	误差 B
$S_1 = S_{21} = S_{22} = 2$	0.013	0.053	0.041	0.066
$S_1 = S_{21} = S_{22} = 3$	0.009	0.031	0.028	0.056
$S_1 = S_{21} = S_{22} = 4$	0.006	0.032	0.015	0.039
$S_1 = S_{21} = S_{22} = 5$	- 0.005	0.038	0.014	0.043

上述结果表明：

1）随着后方仓库或站点备件数量的增加，近似评估算法的准确性越来越好。

其原因在于各级备件数量越大，其降低运输/修理延误发生的可能性、减小延误时间的效果越明显。

2）在模拟使用可用度很高或很低时，近似评估算法很准确。误差 B（最大误差）一般出现在模拟使用可用度为中等大小的情况。

近似评估算法由于假定运输/修理耗时为零，因此其使用可用度应该大于模拟使用可用度。当模拟使用可用度很高时，其距离使用可用度为 1 的误差空间也随之减小，近似评估算法的准确性自然得到保证。当模拟使用可用度较低时，近似评估算法的准确性好的原因在 4.1 节和 4.2 节中已经阐述，与 4.1 节和 4.2 节的现象是相吻合的。

3）近似评估算法的准确性随着站点上列装数的增加而降低。

模拟结果表明：近似评估算法在站点 1 上的评估准确性好于站点 2。其原因在于这两个站点的列装数不同，在产品单元之间为串联形式的假定下，站点 1 的故障间隔平均时间为 $\frac{\mu}{2}$、站点 2 的故障间隔平均时间为 $\frac{\mu}{3}$，站点2发生故障更为频繁,各级备件的运输/修理延误抵消效果也就弱于站点1。在上述算例中,尽管产品单元平均故障间隔时间为1000,运输/修理时间为100,二者看起来相差很大,但考虑到站点的列装数量,站点2上表现出来的平均故障间隔时间为333,故障件从站点开始修理,到最后回到站点,在极端情况下耗时达到300,而且"在站点修理失败的情况下才申请备件"的假定实际上相当于增大了运输时间。

表4-18所示为运输/修理时间 $T_{y12} = T_{r2} = T_{r1} = 200$,后方仓库(站点)备件分别为2,3,4,5时的使用可用度模拟值和评估值之间的误差统计结果。

表4-18 运输(修理)时间为200时使用可用度模拟值和评估值的误差统计结果

备件方案	站点1		站点2	
	误差A	误差B	误差A	误差B
$S_1 = S_{21} = S_{22} = 2$	0.066	0.102	0.156	0.186
$S_1 = S_{21} = S_{22} = 3$	0.049	0.080	0.098	0.148
$S_1 = S_{21} = S_{22} = 4$	0.028	0.070	0.069	0.102
$S_1 = S_{21} = S_{22} = 5$	0.023	0.059	0.056	0.085

其统计结果表现出来的近似评估算法能力与 $T_{y12} = T_{r2} = T_{r1} = 100$ 是一致的。

为了查看修复概率的影响,表4-19所示为修理效果一般的结果:站点的故障修复概率 $P_{r2} = 0.3$,后方仓库的故障修复概率 $P_{r1} = 0.6$,运输(修理)时间 $T_{y12} = T_{r2} = T_{r1} = 100$ 的统计结果。

表4-19 修理效果一般时使用可用度模拟值和评估值的误差统计结果

备件方案	站点1		站点2	
	误差A	误差B	误差A	误差B
$S_1 = S_{21} = S_{22} = 2$	0.029	0.057	0.057	0.086
$S_1 = S_{21} = S_{22} = 3$	0.017	0.052	0.035	0.065
$S_1 = S_{21} = S_{22} = 4$	0.017	0.038	0.027	0.053
$S_1 = S_{21} = S_{22} = 5$	0.015	0.024	0.028	0.045

表4-20所示为修理效果较好的结果:站点的故障修复概率 $P_{r2} = 0.4$,

后方仓库的故障修复概率 $P_{r1} = 0.8$，运输（修理）时间 $T_{y12} = T_{r2} = T_{r1} = 100$ 的统计结果。

表 4 - 20　修理效果较好时使用可用度模拟值和评估值的误差统计结果

备件方案	站点 1		站点 2	
	误差 A	误差 B	误差 A	误差 B
$S_1 = S_{21} = S_{22} = 2$	0. 041	0. 066	0. 036	0. 100
$S_1 = S_{21} = S_{22} = 3$	0. 027	0. 050	0. 030	0. 078
$S_1 = S_{21} = S_{22} = 4$	0. 007	0. 041	0. 028	0. 058
$S_1 = S_{21} = S_{22} = 5$	0. 008	0. 037	0. 024	0. 049

比较上述表，基本可以断定：修复概率的大小对近似评估算法准确性影响并不大，且随着各级备件数量的增大，其影响变得更小。

综上所述，近似评估算法足以用于多等级多站点情况下备件方案的保障效果定性评估。当备件方案的实际使用可用度较高或较低时，近似评估算法有较好的定量评估准确性。

第5章 多层级保障的效果评估

多层级保障研究的是装备产品树内部有多级隶属层级关系时面临的问题。

通常，产品树自上而下可以分为装备、部件、元器件等多种层级。表5-1所示为常见的装备信息表，其中的树状结构码反映了单元之间的"父/兄"层级关系。

表5-1 常见装备信息表

序号	树状结构码	装备/器材名称	规格型号	价格/万元	列装数	可靠性		器材情况		
						MTBF	器材存储寿命	是否关重件	是否可修理	是否单独更换
1	1	主仪器	×/×××005D	42.1	9	××××	××××			
2	1.1	微机主机板	××.406.000	4	2.5	××××	××××			
3	1.2	航向接口板	××.406.001	32	4	××××	××××	√		
4	1.3	控制回路板	××.231.019	6.1	2.5	××××	××××		√	√
5	2	显示板	××.316.000	1.4	2	××××	××××		√	√
6	2.1	电源板	××.202.000	0.84	2	××××	××××		√	√
7	2.1.1	电源功放板	××.202.001	0.35	2	××××	××××		√	√
8	2.1.2	电源信号板	××.202.002	0.49	2	××××	××××		√	√
9	2.2	功率放大板	××.490.006	0.56	2	××××	××××	√		√
10	3	保护箱	××45LF	3.812	2	××××	××××		√	√
11	3.1	保险丝	××-1-6A	0.002	2	××××	××××	√		√
12	3.2	转接板	××Y.152.801	3.6	2	××××	××××			√
13	3.3	氟油	25ml	0.21	2	××××	××××			√

在修理工作中，从维修级别的角度，把装备按结构层次划分为现场可更换单元(LRU)、车间更换单元(SRU)、车间更换子单元(SSRU)，不同

的修理级别对装备故障单元的维修任务划分不同。一般来说，LRU 与 SRU 为父子层级关系，SRU 和 SSRU 为父子层级关系。

第 4 章实际上是针对单层级的产品进行讨论：只要知道了备件数量，即以修理耗时为零、运输耗时为零的保障效果作为备件方案保障效果的近似评估结果。对于多层级的产品，备件方案中会同时包含 LRU、SRU 的情况，即我们常说的"大小备件都配"。

本章主要解决评估多层级装备备件方案的保障效果时，面临的核心问题"一件 SRU 备件相当于多少件 LRU？"。

如果按照装备、部件、单元的层次结构，结合 LRU 和 SRU 的概念，可以认为部件为 LRU、单元为 SRU。本章主要以 LRU 为研究对象。在以下的讨论中，我们假定：装备为两层级结构，由 LRU 组成，LRU 可由多项 SRU 组成，SRU 之间为串联可靠性连接关系，SRU 的故障间隔时间服从指数分布。

5.1 装备使用可用度的计算方法

在第 4 章中，我们根据仿真结果，曾经指出：由于运输/修理延误的影响，会导致"模拟的备件满足率高，但使用可用度不高"的现象。当然，如果采用累积工作时间是否等于保障任务时间作为评判保障任务成功与否的判据，依然可以得到保障任务成功率的模拟结果与近似评估结果较为接近的结论。

在第 2 章中，我们针对产品结构树中的最基本单元，在保障延误为零的假定下，讨论了备件保障概率、备件满足率和保障任务成功率、平均备件保障概率和使用可用度之间的关系，指出：

（1）备件保障概率、备件满足率和保障任务成功率三者在物理本质上是一样的，备件满足率等于 1、使用可用度等于 1、保障任务成功三者互为充分必要条件，是对同一事件不同观察角度的论述。

（2）平均备件保障概率的物理含义就是使用可用度。

考虑到使用可用度比保障任务成功率能更"精细"地表现出备件方案的保障效果，更"显著"地表达不同备件方案保障效果的差异性，因此在后续的讨论中，我们一般只采用使用可用度作为评估保障效果的指标。

在装备的可靠性模型中，最常见的为串联模型。该模型假定装备树状结构中的顶层为 LRU，装备包含多项 LRU，LRU 之间为串联可靠性关系（LRU 内部可以包含多层子单元）。该串联模型的现实意义是以装备中的关重件集合作为装备的简化模型。所谓关重件，指该部件发生故障后，将导致装备停机或性能严重下降，以致认为装备就此丧失了应有的功能，不能再继续正常工作。从装备众多的部件中提取出关重件集合，从而将确定所有部件可靠性关系的装备建模过程，简化为关重件的串联模型。

那么，如何计算其使用可用度？

在 METRIC 理论的代表性著作《装备备件最优库存建模——多级技术》中，未明确指出装备的可靠性模型形式，但该著作中多次提到 METRIC 理论最初针对的是那些价格昂贵、可靠性高、需求率低、生产周期长的重要部件，因此我们有较大的把握认为 METRIC 理论中的装备模型为串联模型。

METRIC 理论中装备的可用度计算公式如下[1]：

$$A = 100 \prod_{i=1}^{I} \{1 - \mathrm{EBO}_i(n_i)/(NZ_i)\}^{Z_i} \qquad (5-1)$$

式中　　Z_i——第 i 项 LRU 在装备上安装的数量（单机安装数）；

N——装备数量；

$\mathrm{EBO}_i(n_i)$——第 i 项 LRU 在配有 n_i 个备件时的短缺数。

如果令装备中仅有一种 LRU（即 $I=1$），且 $Z_i=1$、$N=1$，则式（5-1）变为：$A = 100\{1 - \mathrm{EBO}_i(n_i)\}$，由于此时装备的使用可用度就是 LRU 的使用可用度，因此 $\{1 - \mathrm{EBO}_i(n_i)\}$ 为 LRU 的可用度计算公式——利用备件短缺数计算可用度是 METRIC 理论的主要思路。当装备中包含多项不同种类的 LRU 时（即 $I>1$），且 $Z_i=1$、$N=1$，式（5-1）变为 $A = 100\prod_{i=1}^{I}\{1 - \mathrm{EBO}_i(n_i)\}$，也就是说，装备的可用度 P_A 为各项 LRU 可用度 P_{AL_i} 的连乘，即 $P_A = \prod_{i=1}^{I} P_{AL_i}$。仔细研读《装备备件最优库存建模——多级技术》中关于短缺数概念部分，也可以得到前述结论。

根据第 2 章的仿真验证，使用可用度等于平均备件保障概率，即第 i 项 LRU 的使用可用度 P_{AL_i} 与其备件满足率 P_{SL_i} 的关系为 $P_{AL_i} = \frac{1}{T_w}\int_0^{T_w} P_{SL_i}\mathrm{d}t$，因此在 METRIC 理论中有：

$$P_{\mathrm{A}} = \prod_{i=1}^{I} P_{\mathrm{AL}_i} = \prod_{i=1}^{I} \left\{ \frac{1}{T_{\mathrm{w}}} \int_0^{T_{\mathrm{w}}} P_{\mathrm{SL}_i} \mathrm{d}t \right\} \qquad (5-2)$$

在 GJB4355 和其他相关数学教材中指出：当可靠性连接关系为串联时，装备的备件保障概率 P_{S} 为所有 LRU 备件保障概率 P_{SL_i} 的连乘，即 $P_{\mathrm{S}} = \prod_{i=1}^{I} P_{\mathrm{SL}_i}$。把"使用可用度等于平均备件保障概率"类推到装备层面，装备的使用可用度等于平均装备的备件保障概率，则装备的使用可用度可用下式计算：

$$P_{\mathrm{AL}} = \frac{1}{T_{\mathrm{w}}} \int_0^{T_{\mathrm{w}}} P_{\mathrm{S}} \mathrm{d}t = \frac{1}{T_{\mathrm{w}}} \int_0^{T_{\mathrm{w}}} \left(\prod_{i=1}^{I} P_{\mathrm{SL}_i} \right) \mathrm{d}t \qquad (5-3)$$

显然，式 $(5-3)$ 中 $\frac{1}{T_{\mathrm{w}}} \int_0^{T_{\mathrm{w}}} \left(\prod_{i=1}^{I} P_{\mathrm{SL}_i} \right) \mathrm{d}t$ 与 METRIC 理论的使用可用度计算公式中 $\prod_{i=1}^{I} \left\{ \frac{1}{T_{\mathrm{w}}} \int_0^{T_{\mathrm{w}}} P_{\mathrm{SL}_i} \mathrm{d}t \right\}$ 明显不一样。

那么，当 LRU 为串联可靠性连接关系时，装备的使用可用度到底是 LRU 可用度的连乘还是 LRU 保障概率的连乘后取积分平均呢？

例 5.1.1　某装备由 I 个不同类型的 LRU 组成，LRU 为不修复件，第 i 项 LRU 寿命服从指数分布 $\exp(\mu_i)$，备件数量为 n_i，请模拟装备在保障任务期间 T_{w} 的使用可用度、各 LRU 的使用可用度，并按照平均备件保障概率的理论方法计算装备的使用可用度，对装备使用可用度的模拟结果、METRIC 方法（LRU 模拟使用可用度的连乘）、装备使用可用度理论计算结果进行比较。

该题可采用蒙特卡洛仿真模型。对第 i 项 LRU，根据指数分布 $\exp(\mu_i)$ 随机产生 $1+n_i$ 个随机数，记这 $1+n_i$ 个随机数的和为 t_i，它模拟了第 i 项 LRU 累积工作时间，则该 LRU 的使用可用度 $P_{\mathrm{AS}_i} = \begin{cases} 1 & t_i > T_{\mathrm{w}} \\ \dfrac{t_i}{T_{\mathrm{w}}} & t_i \leqslant T_{\mathrm{w}} \end{cases}$；

装备的累积工作时间 $T_{\mathrm{L}} = \min([t_1 \quad \cdots \quad t_I])$，装备的使用可用度

$P_{\mathrm{AL}} = \begin{cases} 1 & T_{\mathrm{L}} > T_{\mathrm{w}} \\ \dfrac{T_{\mathrm{L}}}{T_{\mathrm{w}}} & T_{\mathrm{L}} \leqslant T_{\mathrm{w}} \end{cases}$。

使用可用度理论计算方法为：对第 i 项 LRU，其在 n_i 个备件支持下，其

累积工作时间 t_i 服从 Gamma 分布 $\mathrm{Ga}(1 + n_i, \mu_i)$，并据此计算其备件保障概率 P_{SL_i}（也就是 $t_i \geq T_w$ 的可靠度），进而以 $P_{AL} = \dfrac{1}{T_w}\displaystyle\int_0^{T_w} P_S \mathrm{d}t = \dfrac{1}{T_w}\int_0^{T_w}\left(\prod_{i=1}^{I} P_{SL_i}\right)\mathrm{d}t$ 计算该装备的使用可用度。

图 5 - 1、表 5 - 2 所示为装备使用可用度的模拟法、METRIC 方法和理论计算方法的结果。这些结果的计算参数为：装备由三个串联的 LRU 组成，LRU 的平均寿命分别为 1000，2000，3000，各自的备件数量分别为 3，2，1，保障任务时间取值范围为 1000 ~ 10000。

表 5 - 2　三种使用可用度计算方法的结果

保障任务时间	模拟结果	METRIC 结果	理论结果
1000	0.976	0.976	0.976
1500	0.943	0.941	0.942
2000	0.889	0.886	0.893
2500	0.825	0.815	0.834
3000	0.778	0.761	0.771
3500	0.713	0.684	0.707
4000	0.656	0.615	0.647
4500	0.592	0.535	0.591
5000	0.540	0.463	0.541
5500	0.503	0.414	0.497
6000	0.459	0.354	0.459
6500	0.423	0.308	0.425
7000	0.394	0.269	0.395
7500	0.376	0.240	0.369
8000	0.342	0.202	0.347
8500	0.324	0.176	0.326
9000	0.316	0.161	0.308
9500	0.289	0.134	0.292
10000	0.277	0.123	0.277

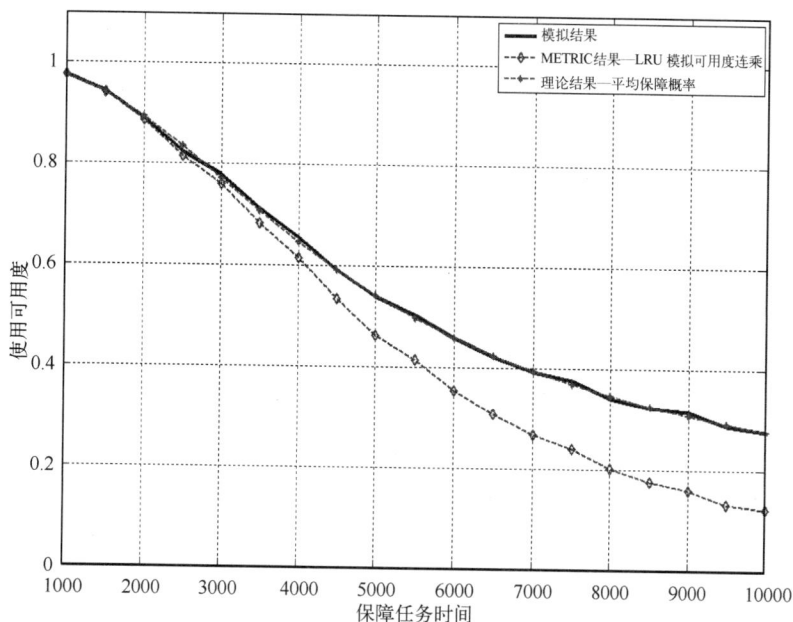

图5-1 三种使用可用度计算方法的结果比较图

上述结果表明：

1）METRIC 方法（装备的使用可用度为 LRU 使用可用度的连乘）只是一种近似计算方法，该方法在装备的使用可用度很高时误差较小，随着装备的使用可用度降低其误差逐步增大。不过，由于在保障工作中，我们对备件方案一般都有较高的保障指标要求，因而该方法不失为一种工程近似方法。

2）理论上的平均保障概率计算方法，与模拟结果极为一致。该方法应该才是理论上正确的方法。

对上述结论如仍有所怀疑，由于 LRU 寿命服从指数分布，LRU 串联后装备的寿命仍然服从指数分布，因此不妨以所有 LRU 的备件都为零这种特殊的备件方案为例，尝试验证上述两个结论。

5.2 基于 SRU 折算的保障效果评估

对于一个指数型备件，如果只有 LRU 备件、没有 SRU 备件，则可以应用第 2 章介绍的 Gamma 分布的卷积线性相加特性，计算该备件方案的保障效果。本节不考虑串件拼修的情况，主要回答"一件 SRU 备件相当于多少件 LRU?"的问题，研究基于 SRU 折算成 LRU 的保障效果评估方法。

为便于论述，假定装备由两层级（LRU 和 SRU）构成。参照 METRIC 理论，做如下假定：

1）LRU 发生故障的原因，是其某个 SRU 发生故障导致，通过更换故障 SRU 件，完成 LRU 的修复。

2）对 LRU 故障件，当引起故障的 SRU 最终无备件时，该 LRU 故障件报废。

3）SRU 之间为串联可靠性关系，一次只有一件 SRU 发生故障，SRU 故障之间互不影响。

4）LRU 或 SRU 换件维修耗时为零。

为便于研究，我们以单站点、SRU 为不修复件为例。当 SRU 为可修复件，存在修复概率（修复概率小于 1）时，可参照第 4 章内容，将其等效为不修复件。

该站点同时配有 LRU 备件和 SRU 备件。当 LRU 故障时，将同时开展两项工作：

1）LRU 换件维修。如果有 LRU 备件，则立刻完成故障 LRU 的换件维修，否则等待故障 LRU 的修理结果。

2）SRU 换件维修。引起 LRU 故障的 SRU，如果存在备件，则通过更换故障 SRU 的方式，排除 LRU 故障，修复成功的 LRU 进入库存；否则，该故障 LRU 报废。

模拟该 LRU 故障后的仿真流程如图 5 - 2 所示。

仔细观察"2）SRU 换件维修"步骤，发现其有可能在消耗 1 件某项 SRU 备件后，获得 1 件 LRU。我们把"消耗 1 件某项 SRU 备件后，获得 1 件 LRU"称之为 SRU 折算成 LRU（简称 SRU 折算）。

在 LRU 发生故障的前提条件下，故障定位结果为第 i 项 SRU 发生了

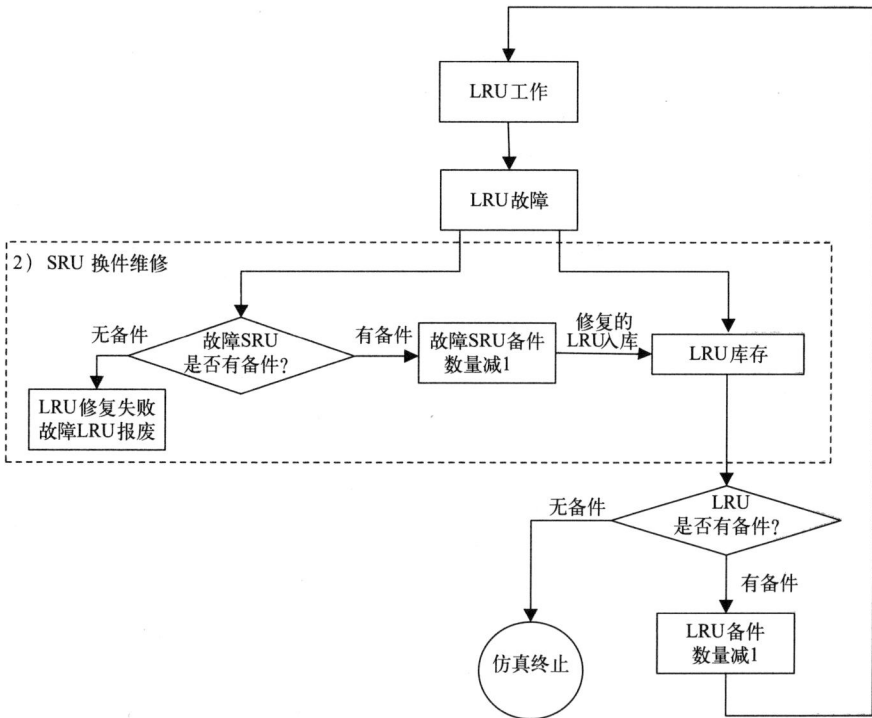

图 5-2 LRU 故障处理流程

失效，如果此时有该 SRU 备件，则 1 件 SRU 折算成 1 件 LRU。SRU 折算的关键在于计算由第 i 项 SRU 失效引起 LRU 故障的概率 gP_i。对于寿命服从指数分布的 SRU 来说，该概率是第 i 项 SRU 失效率与 LRU 失效率的比值，计算式如下：

$$gP_i = \frac{\dfrac{1}{\mu_i}}{\sum_{j=1}^{n} \dfrac{1}{\mu_j}} \qquad (5-4)$$

第 i 项 SRU 的折算结果 L_i 为：

$$L_i = \begin{cases} gP_i & S_i \geq 1 \\ S_i \times gP_i & S_i < 1 \end{cases} \qquad (5-5)$$

式中 S_i——故障发生时第 i 项 SRU 的备件数量。

折算完成后，更新第 i 项 SRU 的备件数量：$S_i = S_i - L_i$。

对所有的 SRU 备件遍历上述折算过程后，以 $\sum_{i=1}^{n} L_i$ 作为本次 LRU 故障后当前各项备件数量支持下折算的 LRU 备件数量，它也是故障后增加的 LRU 备件数量。

设计 SRU 折算算法，如图 5-3 所示（记 L_s 为备件方案支持下 SRU 折算成 LRU 的数量）。

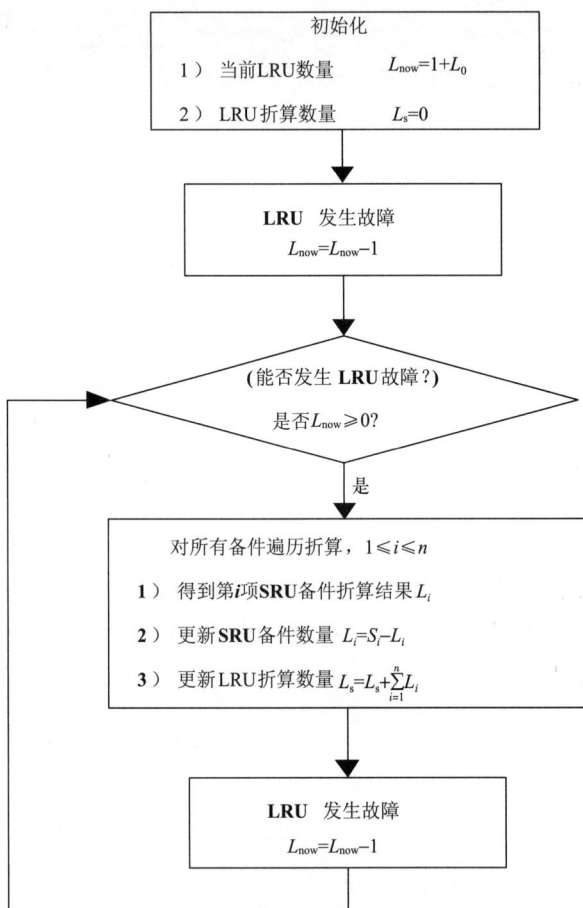

图 5-3 SRU 折算算法流程图

基于 SRU 折算的评估方法设计思路为：在计算得到最终折算结果 L_s

后，该 LRU 的累积工作时间服从 Gamma 分布 $Ga(1 + L_0 + L_s, \mu_L)$，$\mu_L = \dfrac{1}{\sum_{i=1}^{n} \dfrac{1}{u_i}}$，并据此计算备件方案的保障效果。

例5.2.1 记保障任务时间为 T_w，站点配有一件 LRU，该 LRU 由 n 项 SRU 构成，SRU 为不修复件，寿命服从指数分布 $\exp(\mu_i)$，$1 \leq i \leq n$，站点 LRU 备件数量记为 L_0，站点第 i 项 SRU 备件数量记为 S_i。建立仿真模型，模拟备件方案的保障效果，并将模拟结果与上述基于 SRU 折算的评估结果进行对比。

图 5-4、表 5-3 所示为装备使用可用度的模拟结果和评估结果。这些结果的计算参数为：保障任务时间 $T_w = 1000 \sim 15000$，LRU 由 3 项 SRU 构成，各自的寿命为 1000，1500，2000，站点 LRU 备件数量 $L_0 = 2$，SRU 备件数量分别为 1，2，3。

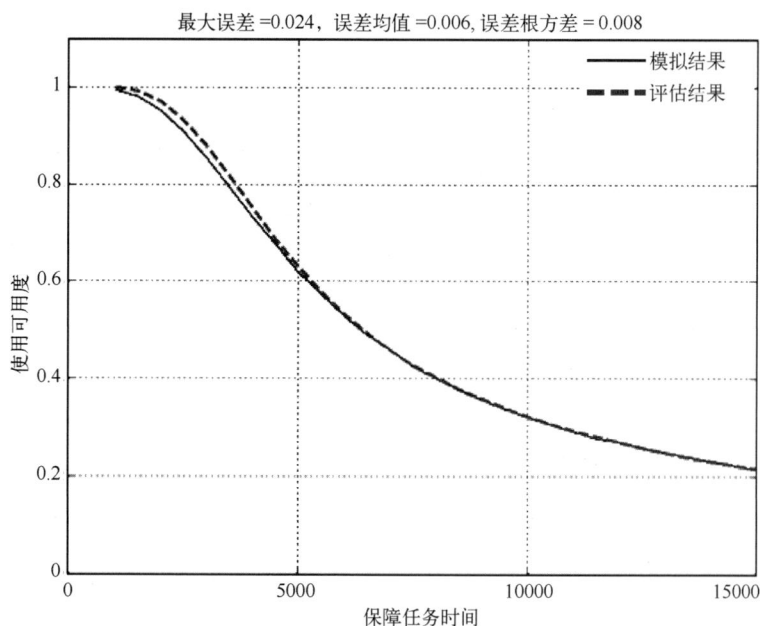

图 5-4 使用可用度的模拟结果和评估结果

表 5 – 3　使用可用度的模拟结果和评估结果

保障时间	模拟结果	评估结果	保障时间	模拟结果	评估结果
1000	0.995	0.999	8500	0.378	0.380
1500	0.980	0.992	9000	0.358	0.359
2000	0.950	0.970	9500	0.337	0.340
2500	0.907	0.932	10000	0.320	0.323
3000	0.855	0.878	10500	0.307	0.307
3500	0.794	0.816	11000	0.291	0.293
4000	0.734	0.752	11500	0.278	0.281
4500	0.679	0.689	12000	0.269	0.269
5000	0.620	0.632	12500	0.258	0.258
5500	0.576	0.580	13000	0.249	0.248
6000	0.530	0.535	13500	0.240	0.239
6500	0.491	0.495	14000	0.231	0.230
7000	0.462	0.460	14500	0.222	0.223
7500	0.428	0.430	15000	0.213	0.215
8000	0.401	0.403			

对表 5 - 3 中的结果进行误差统计，评估结果与模拟结果的最大绝对误差为 0.024，绝对误差均值为 0.006，绝对误差根方差为 0.008。

上述仿真模型的大量仿真实验结果表明，上述基于 SRU 折算的保障效果评估方法具有较高的准确性。影响该方法的主要因素为 LRU 的初始备件数量 L_0。L_0 越小，能进行折算次数就越少，折算结果的随机性也就越大，误差随之增大。这与我们的"统计样本越多，随机性越小"经验是一致的。

5.3　串件拼修下的保障效果评估

在 5.2 节中，当故障 SRU 无备件导致 LRU 故障件维修失败时，LRU 故障件将整体报废，即 LRU 故障件内那些未失效的 SRU 随之报废。

在本节，针对允许串件拼修情况，研究两层级产品备件方案的保障效果评估问题。

本节的研究假定如下：

1）LRU 发生故障的原因，是其某个 SRU 发生故障导致，通过更换故障 SRU 件，完成 LRU 的修复。

2)对 LRU 故障件，当引起故障的 SRU 最终无备件时，该 LRU 故障件中其他完好的 SRU 将拆下进入 SRU 库存，以便后续串件拼修。

3)SRU 之间为串联可靠性关系，一次只有一件 SRU 发生故障，SRU 故障之间互不影响。

4)LRU 或 SRU 换件维修耗时为零。

我们仍以单站点、SRU 为不修复件为例开展研究。

该站点同时配有 LRU 备件和 SRU 备件。当 LRU 故障时，将同时开展两项工作：

1)LRU 换件维修。如果有 LRU 备件，则立刻完成故障 LRU 的换件维修，否则等待故障 LRU 的修理结果。

2)LRU 修复性修理。引起 LRU 故障的 SRU，如果存在备件，则通过更换故障 SRU 的方式，排除 LRU 故障，修复成功的 LRU 进入库存；否则，拆下该 LRU 故障件中其他完好 SRU 进入库存。

模拟该 LRU 故障后的仿真流程如图 5-5 所示。

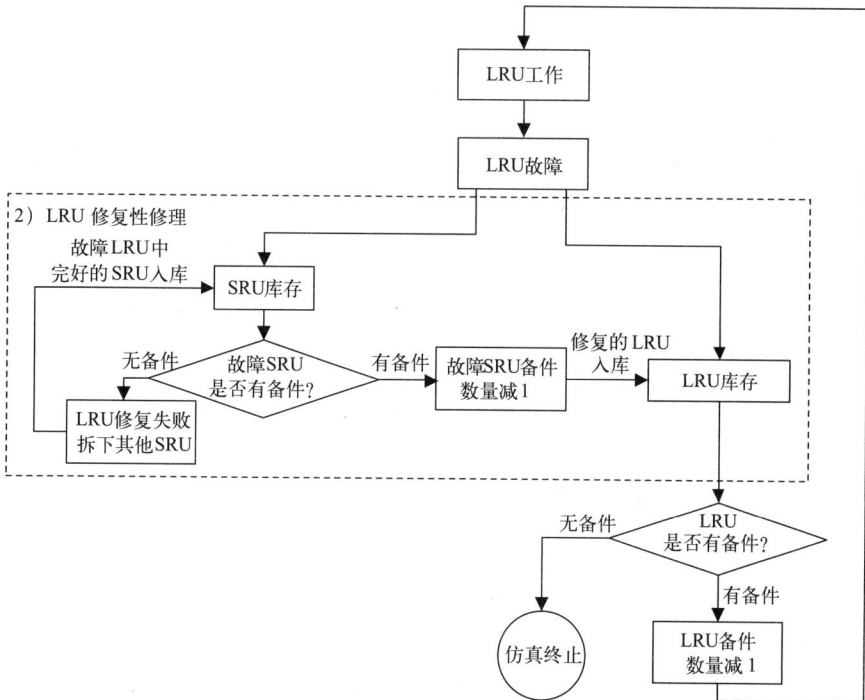

图 5-5　串件拼修情况下 LRU 的故障处理流程图

仔细观察"2) LRU 修复性修理"步骤，发现由于在 LRU 故障件修复失败后，其他完好 SRU 能拆下用于串件拼修，尽管在站点表现为 LRU 整体换件恢复工作，但实际上所有的 SRU 都能"物尽其用"，LRU 只是一种形式上的"外壳"，该部件实际上是一种单层部件——由若干(SRU)单元串联构成。

例 5.3.1 记保障任务时间为 T_w，站点配有一件 LRU，该 LRU 由 n 项 SRU 构成，SRU 为不修复件，寿命服从指数分布 $\exp(\mu_i)$，$1 \leqslant i \leqslant n$，站点 LRU 备件数量记为 L_0，站点第 i 项 SRU 备件数量记为 S_i。建立允许串件拼修下的仿真模型，模拟备件方案的保障效果，并将模拟结果与单层级部件(由 SRU 单元串联构成)的理论评估结果进行对比。

串件拼修的仿真模型的流程如图 5-5 所示。

单层部件的保障效果计算方法为：各 SRU 单元的累积工作时间服从 Gamma 分布 $Ga(1 + L_0 + S_i, \mu_i)$，据此计算各 SRU 单元的备件满足率 sP_i。该部件的备件满足率 lP_s 可由下式得到：

$$lP_s = \prod_{i=1}^{n} sP_i \qquad (5-6)$$

对 lP_s 取平均即可得到该部件的使用可用度。

图 5-6、表 5-4 所示为使用可用度的模拟结果和单层级部件的理论评估结果。这些结果的计算参数为：保障任务时间 $T_w = 1000 \sim 15000$，

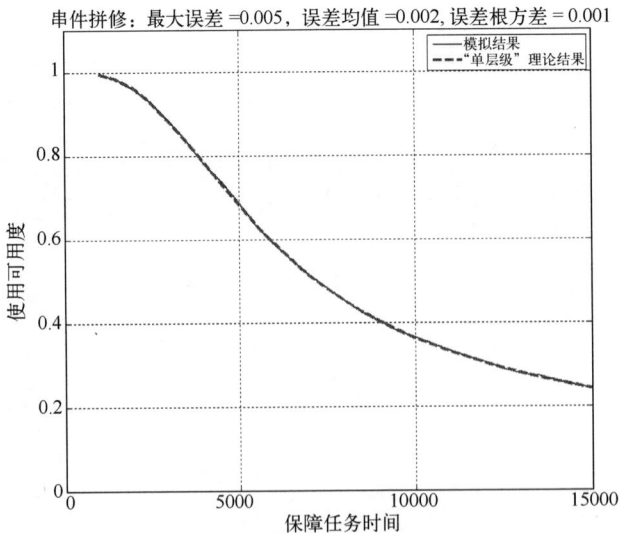

图 5-6　串件拼修情况下使用可用度的模拟结果和评估结果

LRU 由 3 项 SRU 构成，各自的寿命为 1000，1500，2000，站点 LRU 备件数量 $L_0 = 2$，SRU 备件数量分别为 1，2，3。

表 5-4 串件拼修和非串件拼修情况下使用可用度的模拟结果和评估结果

保障时间	串件拼修		非串件拼修	
	模拟结果	单层级部件的理论结果	模拟结果	评估结果
1000	0.996	0.996	0.995	0.999
1500	0.984	0.983	0.980	0.992
2000	0.959	0.960	0.950	0.970
2500	0.926	0.927	0.907	0.932
3000	0.884	0.885	0.855	0.878
3500	0.838	0.836	0.794	0.816
4000	0.780	0.785	0.734	0.752
4500	0.738	0.733	0.679	0.689
5000	0.687	0.683	0.620	0.632
5500	0.633	0.635	0.576	0.580
6000	0.589	0.592	0.530	0.535
6500	0.549	0.551	0.491	0.495
7000	0.517	0.515	0.462	0.460
7500	0.484	0.483	0.428	0.430
8000	0.454	0.454	0.401	0.403
8500	0.425	0.428	0.378	0.380
9000	0.404	0.404	0.358	0.359
9500	0.381	0.383	0.337	0.340
10000	0.364	0.364	0.320	0.323
10500	0.349	0.347	0.307	0.307
11000	0.333	0.331	0.291	0.293
11500	0.318	0.317	0.278	0.281
12000	0.304	0.303	0.269	0.269
12500	0.289	0.291	0.258	0.258
13000	0.278	0.280	0.249	0.248
13500	0.272	0.270	0.240	0.239
14000	0.261	0.260	0.231	0.230
14500	0.251	0.251	0.222	0.223
15000	0.242	0.243	0.213	0.215

表5－4同时列出了非串件拼修情况下的模拟结果和评估结果。仿真结果表明：相同备件方案下，允许串件拼修的保障效果要好于非串件拼修的情况。

对表5－4中串件拼修的两种结果进行误差统计，单层级部件的理论结果与模拟结果的最大绝对误差为0.005，绝对误差均值为0.002，绝对误差根方差为0.001。

上述仿真模型的大量仿真实验结果表明：在串件拼修条件下，两层级部件将"扁平化"成单层级部件。

5.4　LRU修复概率小于1的再讨论

在5.2节、5.3节的研究中，隐含着LRU能被完全修复的假定(即修复概率$P_{Lr}=1$)。其根源在于"LRU故障现象的原因在于其所属SRU失效，更换SRU后能修复LRU故障件"的假定，可想而知，只要SRU备件种类齐全，LRU故障必然能被修复。LRU故障不能修复的原因只是由于SRU备件不到位而已。

"LRU故障修复概率等于1"无论在理论上还是在我们实际工作中，都过于理想化。本节对LRU故障修复概率的物理含义进行探讨。

LRU故障修复概率小于1的第一种解释：在LRU中存在一类SRU，该SRU不属于备件范畴(既不能更换也不能修理)。此时，LRU的修复概率小于1。

在5.1节中，我们曾经指出：装备的树形结构和LRU(SRU、SSRU)划分是对同一装备不同角度的划分，树形结构描述了装备内部部件/单元之间的所属/层次关系，LRU(SRU、SSRU)划分则主要从维修单位级别的角度来进一步描述装备内部件/单元的性质，并由此引出备件的一系列问题。

由于不是装备中的所有部件/单元都能充当备件，因此装备的器材目录和装备的备件目录二者并不一致，装备的组成结构模型和装备备件的组成结构模型也就不一样。但由于我们是以装备的使用可用度来评估备件方案的保障效果，因此装备模型和装备备件模型二者尽管组成不相同，但可靠性结构在本质上要一致。在装备备件模型中，要为"不是备件的器材"留有一个位置，用于表达其在可靠性结构中的角色。实际上，我们完全可以把 LRU 中所有的非备件项"归一化"，看成一件非备件 SRU。此时，LRU 故障修复概率小于 1 的上述解释，利于我们在把装备模型转化为装备备件模型的时候，保证这两种模型的可靠性在本质上是一致的。

当 LRU 故障修复概率小于 1 时，5.2 节和 5.3 节中无论是仿真模型还是 SRU 折算算法都不需要改动，只要确保备件方案中对应的非备件 SRU 的备件数量为零即可照常使用。

LRU 故障修复概率小于 1 的第二种解释：用于描述维修人员在开展修复性修理工作前，对能否修复成功的信心。当站点的维修人员因某些原因而信心不足时（尽管此时 SRU 备件齐全），可能会选择将 LRU 故障件后送至修理能力更强的上一级保障机构。该解释能用于表达实际工作中这种现象。此时，LRU 修复概率表达了维修人员对修复成功的信心程度。

对于 LRU 故障修复概率的第一种解释，该修复概率是 LRU 的内在属性；对于 LRU 故障修复概率的第二种解释，修复概率则带有外部的人为主观因素，不再是 LRU 的内在属性。

当 LRU 修复概率用于描述修复信心时，5.2 节和 5.3 节中的仿真模型、SRU 折算算法主体部分无需改动，只需作出局部小改动即可再次使用，在此不再累述。

例 5.4.1 以两层、单站点为背景，包含修理时间因素，LRU 内包含非备件项，LRU 修复概率用于描述修复信心——当维修人员判断 LRU 不能修复时，该 LRU 直接报废，不再进行 SRU 修复、SRU 换件等修理工作。

例 5.4.1 记保障任务时间为 T_w，站点配有一件 LRU，LRU 的修复概率记为 lrP，该 LRU 由 n 项 SRU 构成，不允许串件拼修；SRU 的修复概率记为 srP_i、修理时间记为 srP_i、故障间隔时间服从指数分布 $\exp(\mu_i)$，$1 \leqslant i \leqslant n$；站点 LRU 备件数量记为 L_0，站点第 i 项 SRU 备件数量记为 S_i；当第 j 项 SRU 的修复概率 $srP_j = 0$、修理时间 $srP_j = 0$、备件数量 $S_j = 0$ 时，该 SRU 为非备件项（故障后不可更换、不可修理）。建立仿真模型，模拟备件方案的保障效果，并将模拟结果与基于 SRU 折算成 LRU 后的计算结果进行对比。

基于 SRU 折算的评估算法步骤如下：

1）考虑 LRU 修复概率 lrP、SRU 的修复概率 srP_i，将不完全修复 SRU

的寿命 μ_i 等效为不修复件寿命 μ_i'，$\mu_i' = \dfrac{\mu_i}{1 - \text{lrP} \times \text{srP}_i}$。

2）考虑 LRU 修复概率 lrP、SRU 的等效后寿命 μ_i'，计算 LRU 故障发生条件下 SRU 失效的概率 sP_{gz}。

3）考虑 LRU 备件数量记为 L_0、SRU 备件数量记为 S_i、SRU 失效的概率 sP_{gz}，对 SRU 备件进行折算，具体方法与 5.2 节相同，记最终折算结果为 L_s。

4）LRU 的累积工作时间服从 Gamma 分布 $\text{Ga}(1 + L_0 + L_s，\mu_L)$，$\mu_L = \dfrac{1}{\sum\limits_{i=1}^{n} \dfrac{1}{u_i'}}$，

并据此计算备件方案的保障效果。

图 5-7、表 5-5 所示结果的计算参数为：T_w 取值范围为 1000 ~ 20000，LRU 的修复概率 lrP = 0.6，该 LRU 由 3 项 SRU 构成，SRU 的修复概率 srP_i 分别为 0.3，0.4，0，修理时间 srP_i 分别为 500，500，0，SRU 平均故障间隔时间 μ_i 分别为 1000，2000，3000，站点 LRU 备件数量 $L_0 = 3$，SRU 备件数量 S_i 分别为 2，1，0。最后一项 SRU 具有不可更换、不可修复的特点。

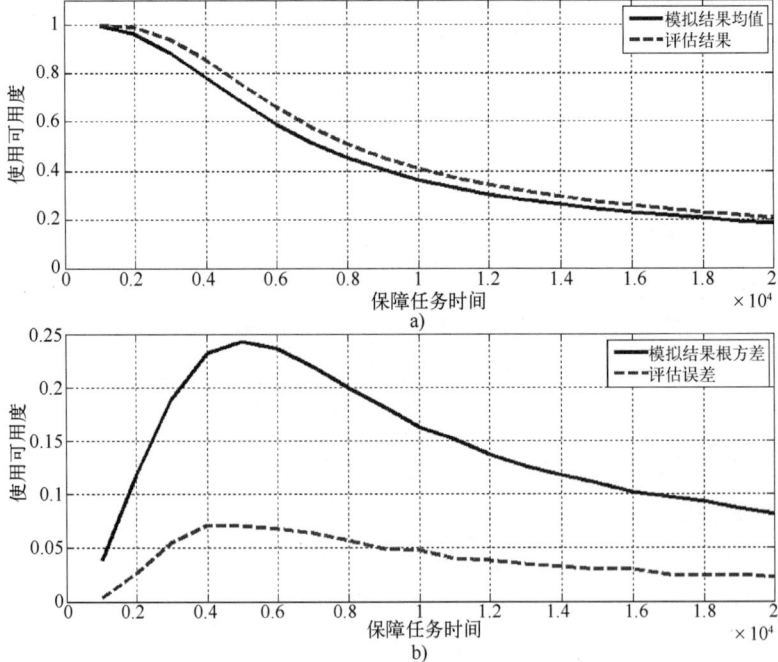

图 5-7　使用可用度的模拟结果和评估结果

表5-5 使用可用度的模拟结果和评估结果

保障时间	模拟结果均值	评估结果	模拟结果根方差	评估误差
1000	0.996	0.999	0.038	0.003
2000	0.960	0.986	0.118	0.026
3000	0.882	0.937	0.189	0.055
4000	0.781	0.853	0.232	0.072
5000	0.683	0.754	0.243	0.071
6000	0.591	0.659	0.236	0.068
7000	0.514	0.578	0.219	0.064
8000	0.453	0.510	0.200	0.057
9000	0.405	0.455	0.182	0.049
10000	0.362	0.410	0.162	0.048
11000	0.332	0.373	0.152	0.041
12000	0.303	0.342	0.137	0.038
13000	0.280	0.315	0.126	0.035
14000	0.260	0.293	0.118	0.033
15000	0.243	0.273	0.110	0.030
16000	0.227	0.256	0.102	0.029
17000	0.216	0.241	0.098	0.025
18000	0.204	0.228	0.093	0.024
19000	0.191	0.216	0.086	0.025
20000	0.183	0.205	0.082	0.022

图5-7a所示为随着保障任务时间的流逝，备件方案的平均模拟使用可用度与评估结果二者的变化情况。评估结果一般稍大于模拟结果，评估结果与模拟结果的最大绝对误差为0.072(最大绝对误差一般发生在使用可用度为中等区域)，绝对误差均值为0.041，绝对误差根方差为0.019。评估最准确的情况一般在使用可用度很高和较低的区域。

图5-7b所示为随着保障任务时间的流逝，模拟的使用可用度根方差、评估误差二者的变化情况。该图显示，评估误差始终在模拟的根方差范围以内，因此可以说，该评估方法可用于备件方案保障效果的定性、定量评估。

大量仿真结果除了再现以往的结论，如：修理时间相对 SRU 故障间隔时间越短评估结果越准确、LRU 备件数量越大评估结果越准确、备件方案的使用可用度高或低时评估结果更准确等，还有以下现象：

1）在 LRU 修复概率高或低时，评估结果更准确。

2）随着 LRU 中 SRU 项数的增加，评估误差呈现增大的趋势。

现象 1）的原因，可能是由于 LRU 修复概率的出现，给维修保障过程增加了不确定因素。当 LRU 修复概率高时，LRU 趋向于完全修复件，当 LRU 修复概率低时，LRU 趋向于不修件，都降低了这种不确定性，导致评估误差稍小。表 5-6 给出了上述其他参数不变，LRU 的修复概率分别为 0.3，0.6，0.9 时，模拟的使用可用度根方差和评估误差的结果。

表 5-6　不同 LRU 修复概率时使用可用度的模拟结果和评估结果

保障时间	lrP = 0.3		lrP = 0.6		lrP = 0.9	
	模拟结果根方差	评估误差	模拟结果根方差	评估误差	模拟结果根方差	评估误差
1000	0.070	0.007	0.038	0.004	0.023	0.001
2000	0.175	0.023	0.118	0.027	0.069	0.009
3000	0.239	0.030	0.189	0.055	0.137	0.028
4000	0.254	0.023	0.232	0.072	0.185	0.040
5000	0.241	0.022	0.243	0.071	0.215	0.044
6000	0.217	0.019	0.236	0.068	0.229	0.044
7000	0.192	0.015	0.219	0.064	0.225	0.043
8000	0.171	0.012	0.200	0.057	0.215	0.037
9000	0.153	0.012	0.182	0.049	0.200	0.034
10000	0.139	0.011	0.162	0.048	0.181	0.035
11000	0.125	0.009	0.152	0.041	0.168	0.028
12000	0.115	0.008	0.137	0.038	0.153	0.030
13000	0.107	0.008	0.126	0.035	0.140	0.028
14000	0.098	0.007	0.118	0.033	0.135	0.022
15000	0.093	0.007	0.110	0.030	0.124	0.021
16000	0.086	0.007	0.102	0.030	0.118	0.021
17000	0.081	0.006	0.098	0.025	0.110	0.018
18000	0.077	0.007	0.093	0.024	0.102	0.019
19000	0.074	0.005	0.086	0.025	0.097	0.018
20000	0.068	0.005	0.082	0.023	0.093	0.017

　　lrP = 0.3 时最大绝对误差为 0.030，平均绝对误差为 0.012；lrP = 0.6 时最大绝对误差为 0.072，平均绝对误差为 0.041；lrP = 0.9 时最大绝对误差为 0.044，平均绝对误差为 0.027。

　　对于现象 2)，由于 SRU 和 LRU 之间为串联关系，尽管对单个 SRU 的评估结果很准确，但其误差会在 LRU 中累积放大。该现象与串联系统可靠性现象有些相似：串联系统中，尽管单个部件的可靠性已经很高，但随着部件数量的增大，系统的整体可靠性急剧下降。

　　图 5-8 所示结果的计算参数为：该 LRU 由 20 项 SRU 构成；T_w 取值范围为 1000 ~ 20000，LRU 的修复概率 lrP = 0.6，SRU 的修复概率 srP_i 全为 0.3，修理时间 srP_i 全为 500，SRU 平均故障间隔时间 μ_i 从 1000 开始以 500 的步长递增，站点 LRU 备件数量 $L_0 = 3$，SRU 备件数量 S_i 全为 2。

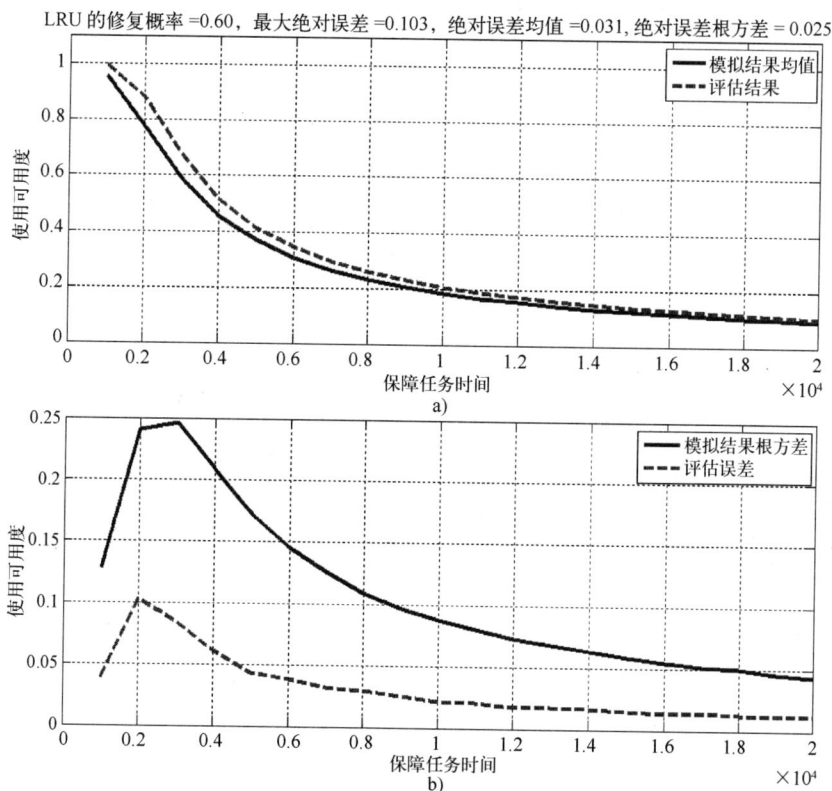

图 5-8　LRU 包含 20 项 SRU 时使用可用度的模拟结果和评估结果

第6章 $(S-1, S)$策略改进

在第4章、第5章中，备件补给策略为$(S-1, S)$策略，即：站点每消耗一件备件，都会向上级保障机构申请一件备件，以弥补自身备件的消耗。

$(S-1, S)$策略在本书中最初源自 Sherbrooke 的著作《装备备件最优库存建模——多级技术(第二版)》。$(S-1, S)$策略贯彻该著作以及软件 VMETRIC 始终。

"消耗一件、申请一件、补充一件"的$(S-1, S)$策略，并不是实际工作中唯一的策略，定时补充、批量补充也是常见的备件补给策略。仔细研读《装备备件最优库存建模——多级技术(第二版)》，发现其采用$(S-1, S)$策略的主要原因在于：METRIC 理论最初瞄准的是高可靠性、贵重件的备件供应问题。因为贵重，所以其有最终修复概率等于1的假定；因为高可靠性，所以故障率低、故障间隔时间长，如果采用批量补给策略，则意味存在一个更长的备件补充周期(需要在多次故障发生后补充备件)。从高可靠性、贵重件的备件库存角度，采用$(S-1, S)$策略无疑是合理的。

装备中，除了高可靠性、贵重的部件外，还有那些可靠性和价格都一般的部件。对这些部件，无论是理论上还是实际工作中，如果仍然采用$(S-1, S)$策略则，则不尽合理，需要对其他备件补给策略进行研究。

6.1 $(S-K, S)$策略

$(S-K, S)$策略在本章中指：当站点消耗K件备件后，向上级保障机构申请K件备件。在这里，K既是备件的补充时机，也是备件的补充数量。$(S-K, S)$策略实际上是备件供应工作中批量补充的一种。

无论是$(S-1, S)$策略还是$(S-K, S)$策略，其描述的是站点与上级

保障机构之间关于备件补充的约定，与装备内的层级结构无关。因此在本章中，如图6-1所示，以单层装备、两级保障组织结构、多站点(站点上的装备列装数量各不相同)为背景，进行论述。

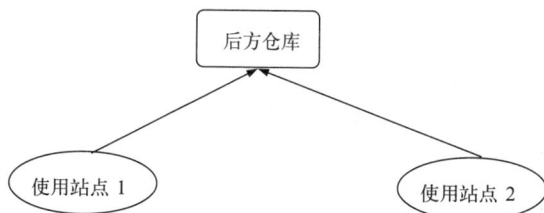

图6-1 两级保障组织体系结构图

站点1的装备列装数量为 n_1，站点2的装备列装数量为 n_2，各站点每台装备的日平均工作强度相同，且假定站点内装备之间为串联关系。在后方仓库，对故障件有一定的修理能力，且存在修理耗时 T_{r1} 和修复概率 P_{r1}（$P_{r1}<1$）。在站点1和站点2，对故障件的修理耗时为 T_{r2}、修复概率为 P_{r2}（$P_{r2}<1$）。假定故障件从站点到后方仓库的运输时间，与备件从后方仓库到站点的运输时间一样，记为 Ty。

对于（S-1, S）策略，当站点的装备发生故障后，将随之发生以下事件：

1)在站点，使用备件对故障件进行换件维修以排除故障、装备恢复工作。

2)在站点，对故障件进行修理，如果修理失败，则故障件送往上级保障机构继续修理。

3)当站点的故障件修理失败后，向上级保障机构申请一件备件，用于补充站点消耗的备件。

对于（S-K, S）策略，当站点的装备发生故障后，将随之发生以下事件：

1)在站点，使用备件对故障件进行换件维修以排除故障、装备恢复工作。

2)在站点，对故障件进行修理，如果修理失败，则故障件送往上级保障机构继续修理。

3)当站点的备件消耗数量达到 K 时，向上级保障机构申请 K 件备件，用于补充站点消耗的备件。

仔细比较上述故障发生后的事件处理过程，发现在更换故障件和修理故障件上，无论采用$(S-1, S)$或$(S-K, S)$策略，二者其实并无区别，并没有因为补给策略发生变化而变化。受补给策略变化影响的，只是备件申请时机和备件补充数量。

因此，采用$(S-K, S)$策略的保障过程仿真模型，其流程其实与采用$(S-1, S)$策略的仿真模型大体一样，只需在$(S-1, S)$策略的仿真模型基础上，改变站点的备件申请和后方仓库的申请响应部分，就可以实现$(S-K, S)$策略下的保障过程仿真。具体方法为：增加一个反映各站点当前备件累计消耗数量的变量。当该变量等于K时，站点发出备件申请；后方仓库只有当可用备件数量不少于K时，才响应站点的备件申请并向站点运送K件备件。

第 4 章的多等级保障研究表明：各站点向后方仓库申请备件，可视为多站点间的备件资源竞争。竞争的规则是"先申请者，先得到备件"，因此会有"多申请者，得到的备件多"的现象。对于故障间隔服从指数分布的单元而言，故障时刻是均匀分布在 $0 \sim \infty$ 范围内的。对于$(S-1, S)$策略而言，申请次数与故障次数高度相关(对不修复件而言，申请次数等于故障次数)。因此，在第 4 章中，我们用单位时间内站点的平均故障次数来描述站点获得后方仓库备件的竞争力，以各站点之间竞争力的比例关系来计算各站点获得后方仓库备件数量。以两级两站点为例，某型产品单元在站点 1 的列装数量为 n_1，在站点 2 的列装数量为 n_2，假定该产品在两个站点的每天工作时间相同，则站点 1 竞争到的后方仓库备件数量占后方仓库总备件数量的比例 P_{g1} 为下式：

$$P_{g1} = \frac{n_1}{n_1 + n_2} \qquad (6-1)$$

站点 2 竞争到的后方仓库备件数量占后方仓库总备件数量的比例 P_{g2} 为下式：

$$P_{g2} = \frac{n_2}{n_1 + n_2} \qquad (6-2)$$

对于$(S-K, S)$策略而言，站点之间的备件资源竞争，仍然满足"先申请者，先得到备件；多申请者，得到的备件多"的竞争规则。与$(S-1, S)$策略不同的是，站点的申请次数显著减少了，仅为$(S-1, S)$策略下申

请次数的 $\dfrac{1}{K}$。但是由于所有站点的申请次数都同比例减少，其相对竞争力并没有改变，因此计算各站点获得后方仓库备件数量的方法也没有变化。

例 6. 1. 1　记保障任务时间为 T_w，假定：

1）保障组织体系为两级两站点，后方仓库备件数量记为 S_1，站点 1 自身配备的备件数量记为 S_{21}，站点 2 自身配备的备件数量记为 S_{22}。

2）站点 1 配有 n_1 个产品单元，站点 2 配有 n_2 个产品单元；产品单元故障间隔时间服从指数分布 $\exp(\mu)$；站点内各产品单元之间为串联关系；各个站点的产品单元为连续工作，每天的工作时间相同。

3）站点向后方仓库提出备件申请的耗时为零。

4）备件从后方仓库到站点存在运输时间 T_{y12}，T_{y12} 为常量，其物理含义为平均运输时间。

5）在站点，换件维修耗时为零。

6）站点采用 $(S-K, S)$ 备件补给策略，即：当站点消耗的备件数量达到 K 时，向后方仓库申领 K 件备件。

7）在站点，该单元的故障修复概率记为 $P_{r2}(0 \leqslant P_{r2} < 1)$，修理时间为常数，记为 T_{r2}。

8）在后方仓库，该单元的故障修复概率记为 $P_{r1}(0 \leqslant P_{r1} < 1)$，修理时间为常数，记为 T_{r2}。

9）在后方仓库，收到站点的备件申请后，只有当可用备件数量不低于 K 时，才向站点运出 K 件备件。

建立仿真模型，模拟备件方案的保障效果，并将模拟结果与（运输耗时、修理耗时都为零）近似评估算法的结果进行对比。

近似评估算法简要介绍如下：

1）将不完全修复产品单元等效为不修复件。不完全修复产品单元的故障间隔时间服从指数分布 $\exp(\mu)$，则等效后的不修复件寿命服从指数分布 $\exp(\mu_2)$，其中：

$$\mu_2 = \frac{\mu}{1 - (P_{r2} + (1 - P_{r2})P_{r1})} \qquad (6-3)$$

2）计算各站点"竞争"获得的后方仓库备件数量。站点 1、站点 2 获得后方仓库备件数量 S_{11}、S_{12} 为：

$$S_{11} = P_{g1}S_1 = \frac{n_1}{n_1 + n_2}S_1$$

$$ \qquad\qquad (6-4)$$

$$S_{12} = P_{g2}S_1 = \frac{n_2}{n_1 + n_2}S_1$$

3）计算各站点备件方案的保障效果。站点 1 的累积工作时间服从 Gamma 分布 $Ga(1 + S_{11} + S_{12}, \frac{\mu_2}{n_1})$，站点 2 的累积工作时间服从 Gamma 分布 $Ga(1 + S_{12} + S_{22}, \frac{\mu_2}{n_2})$，并据此计算其使用可用度。

为讨论方便，以期能更清晰地了解近似评估算法的准确性，在以下算例中，我们令所有的运输时间、修理时间为同一数值，后方仓库的备件数量为 K 的整数倍。

以下情况中：$K = 2$，站点 1 的产品单元列装数 $n_1 = 2$，站点 2 的产品单元列装数 $n_2 = 3$，产品单元故障间隔平均时间 $\mu = 1000$，后方仓库修理时间 $T_{r1} = 100$，备件运输时间 $T_{t2} = 100$，站点修理时间 $T_{r2} = 100$，后方仓库备件数量 $S_1 = 4$，站点 1 备件数量 $S_{21} = 3$，站点 2 备件数量 $S_{22} = 4$。

情况 1：产品单元为不修复件时，保障时间 T_w 取值范围为 1000～10000，使用可用度的模拟结果和评估结果如图 6-2、表 6-1 所示。

运输（修理）时间 =100, 后方仓库备件、站点 1 备件、站点 2 备件分别为：4，3，4

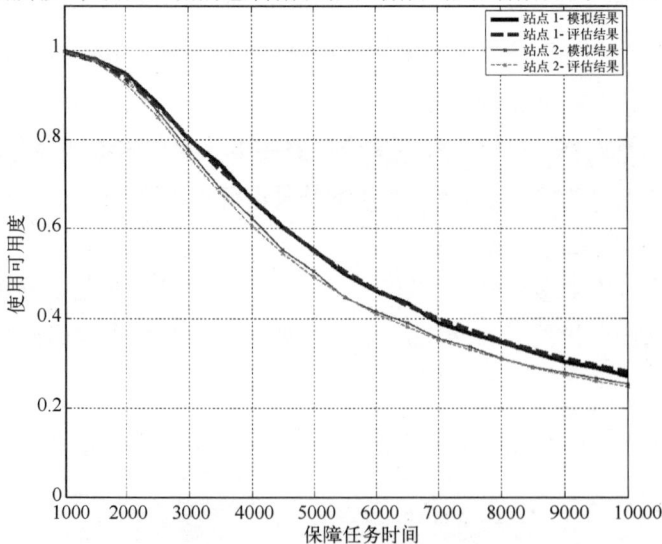

图 6-2　不修复件时使用可用度的模拟结果和评估结果

表 6-1 不修复件时使用可用度的模拟结果和评估结果

	站点1			站点2		
	模拟结果	评估结果	误差	模拟结果	评估结果	误差
1000	0.998	0.995	-0.003	0.999	0.998	-0.001
1500	0.978	0.975	-0.003	0.994	0.982	-0.012
2000	0.946	0.934	-0.012	0.966	0.943	-0.023
2500	0.880	0.875	-0.005	0.889	0.862	-0.027
3000	0.802	0.806	0.004	0.813	0.777	-0.036
3500	0.746	0.735	-0.011	0.729	0.693	-0.036
4000	0.666	0.667	0.001	0.643	0.624	-0.019
4500	0.603	0.606	0.003	0.568	0.553	-0.015
5000	0.553	0.552	-0.001	0.505	0.505	0.000
5500	0.499	0.505	0.006	0.449	0.446	-0.003
6000	0.462	0.465	0.003	0.414	0.416	0.002
6500	0.435	0.430	-0.005	0.385	0.390	0.005
7000	0.389	0.400	0.011	0.353	0.355	0.002
7500	0.366	0.373	0.007	0.331	0.336	0.005
8000	0.346	0.350	0.003	0.298	0.310	0.012
8500	0.325	0.329	0.004	0.283	0.291	0.008
9000	0.302	0.311	0.009	0.270	0.279	0.009
9500	0.290	0.295	0.005	0.254	0.266	0.012
10000	0.270	0.280	0.010	0.246	0.253	0.007

　　情况 2：针对故障件修复效果较差的情况。产品单元为不完全修复件时，保障时间 T_w 取值范围为 1000～20000，后方仓库的故障修复概率 $P_{r1} = 0.4$，站点的故障修复概率 $P_{r2} = 0.2$，使用可用度的模拟结果和评估结果如图 6-3、表 6-2 所示。

运输（修理）时间 =100, 后方仓库备件、站点 1 备件、站点 2 备件分别为：4，3，4

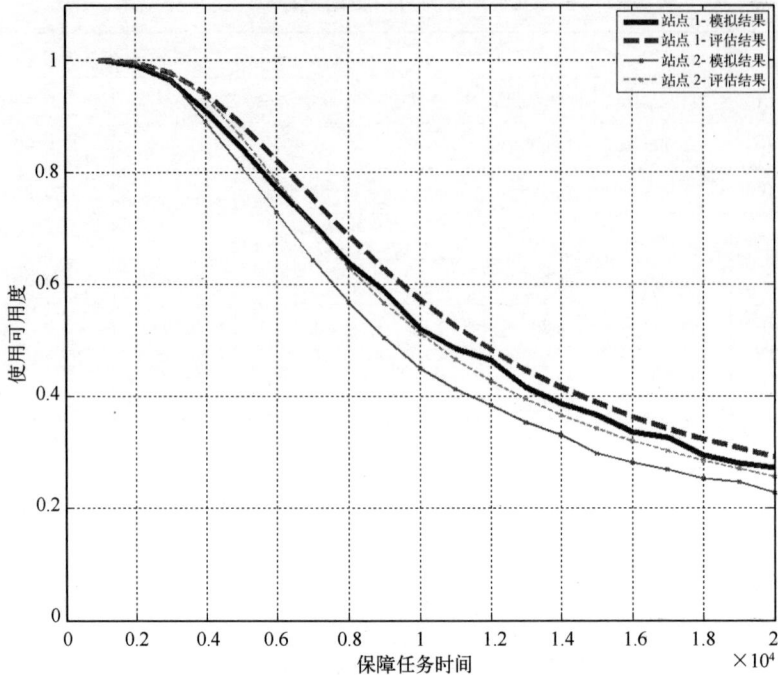

图 6-3   故障件修复效果较差时使用可用度的模拟结果和评估结果

表 6-2   故障件修复效果较差时使用可用度的模拟结果和评估结果

	站点 1			站点 2		
	模拟结果	评估结果	误差	模拟结果	评估结果	误差
1000	1.000	1.000	0.000	0.999	1.000	0.001
2000	0.991	0.996	0.005	0.994	0.997	0.003
3000	0.965	0.978	0.013	0.966	0.979	0.013
4000	0.908	0.941	0.033	0.889	0.935	0.046
5000	0.846	0.887	0.041	0.813	0.866	0.053
6000	0.771	0.823	0.052	0.729	0.785	0.056
7000	0.708	0.755	0.047	0.643	0.704	0.061
8000	0.639	0.688	0.049	0.568	0.630	0.062
9000	0.589	0.627	0.038	0.505	0.566	0.062
10000	0.521	0.573	0.052	0.449	0.512	0.063
11000	0.485	0.525	0.040	0.414	0.467	0.053
12000	0.465	0.484	0.019	0.385	0.428	0.043
13000	0.416	0.448	0.031	0.353	0.395	0.042

	站点1			站点2		
	模拟结果	评估结果	误差	模拟结果	评估结果	误差
14000	0.388	0.416	0.028	0.331	0.367	0.036
15000	0.368	0.389	0.021	0.298	0.343	0.045
16000	0.336	0.364	0.028	0.283	0.321	0.038
17000	0.328	0.343	0.015	0.270	0.302	0.032
18000	0.295	0.324	0.029	0.254	0.285	0.031
19000	0.280	0.307	0.027	0.246	0.270	0.024
20000	0.272	0.292	0.020	0.228	0.257	0.029

情况3：针对故障件修复效果较好的情况。产品单元为不完全修复件时，保障时间 T_w 取值范围为 1000 ~ 100000，后方仓库的故障修复概率 $P_{r1} = 0.7$，站点的故障修复概率 $P_{r2} = 0.6$，使用可用度的模拟结果和评估结果如图 6 - 4、表 6 - 3 所示。

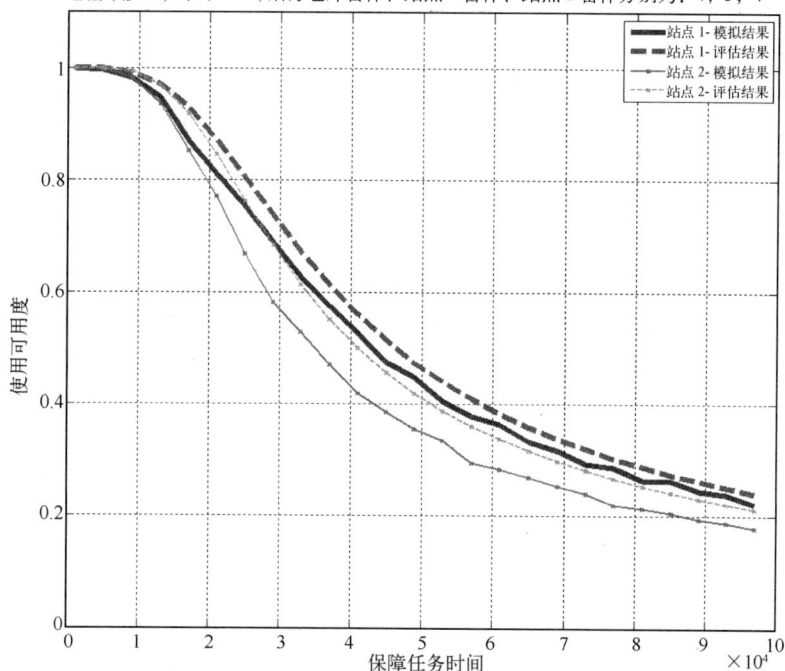

图 6 - 4 故障件修复效果较好时使用可用度的模拟结果和评估结果

表6-3　故障件修复效果较好时使用可用度的模拟结果和评估结果

	站点1			站点2		
	模拟结果	评估结果	误差	模拟结果	评估结果	误差
1000	1.000	1.000	0.000	1.000	1.000	0.000
5000	0.998	0.999	0.001	0.999	1.000	0.001
9000	0.983	0.993	0.010	0.983	0.995	0.012
13000	0.947	0.971	0.024	0.937	0.971	0.034
17000	0.872	0.929	0.057	0.854	0.919	0.065
21000	0.812	0.872	0.060	0.771	0.846	0.075
25000	0.754	0.806	0.052	0.668	0.764	0.096
29000	0.689	0.738	0.049	0.582	0.685	0.103
33000	0.628	0.673	0.044	0.530	0.613	0.083
37000	0.575	0.613	0.038	0.470	0.552	0.082
41000	0.528	0.560	0.032	0.419	0.500	0.081
45000	0.476	0.514	0.038	0.385	0.456	0.071
49000	0.448	0.474	0.026	0.355	0.419	0.064
53000	0.405	0.439	0.034	0.335	0.388	0.053
57000	0.378	0.409	0.031	0.295	0.361	0.066
61000	0.363	0.382	0.019	0.284	0.337	0.053
65000	0.334	0.359	0.025	0.268	0.316	0.048
69000	0.317	0.338	0.021	0.252	0.298	0.046
73000	0.294	0.320	0.026	0.240	0.282	0.042
77000	0.287	0.303	0.016	0.219	0.267	0.048
81000	0.264	0.288	0.024	0.214	0.254	0.040
85000	0.262	0.275	0.013	0.205	0.242	0.037
89000	0.246	0.262	0.016	0.194	0.231	0.037
93000	0.239	0.251	0.012	0.187	0.221	0.034
97000	0.221	0.241	0.020	0.178	0.212	0.034

情况4：针对后方仓库故障件修复效果较好、站点故障件修复效果较差的情况。产品单元为不完全修复件时，保障时间 T_w 取值范围为 1000 ~ 100000，后方仓库的故障修复概率 $P_{r1}=0.7$，站点的故障修复概率 $P_{r2}=0.3$，使用可用度的模拟结果和近似评估结果如图6-5、表6-4所示。

运输（修理）时间 =100, 后方仓库备件、站点 1 备件、站点 2 备件分别为：4, 3, 4

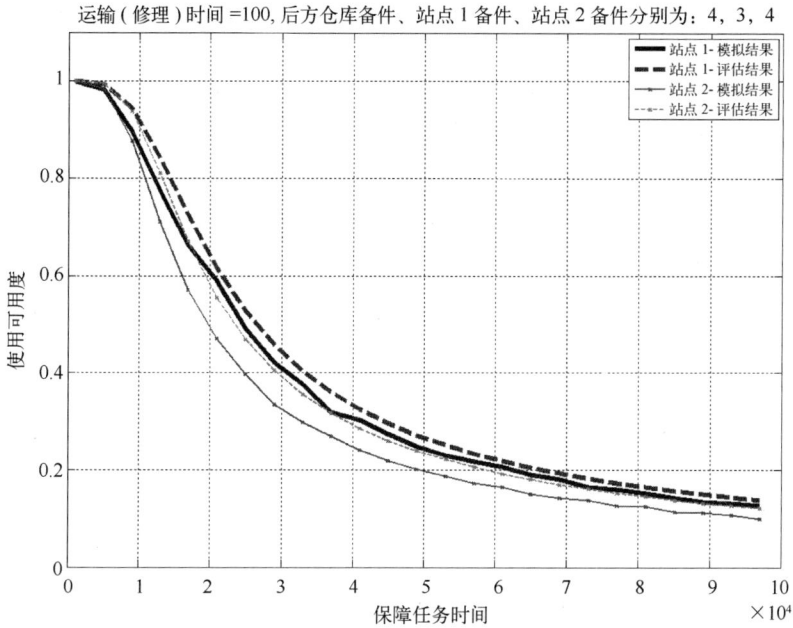

图 6-5 故障件后方仓库和站点修复效果不同时使用可用度的模拟结果和评估结果

表 6-4 故障件后方仓库和站点修复效果不同时使用可用度的模拟结果和评估结果

	站点 1			站点 2		
	模拟结果	评估结果	误差	模拟结果	评估结果	误差
1000	0.999	1.000	0.001	1.000	1.000	0.000
5000	0.983	0.994	0.011	0.984	0.995	0.011
9000	0.897	0.944	0.047	0.878	0.938	0.060
13000	0.774	0.844	0.070	0.711	0.811	0.100
17000	0.662	0.725	0.063	0.571	0.671	0.100
21000	0.589	0.617	0.028	0.470	0.555	0.085
25000	0.490	0.528	0.038	0.396	0.469	0.073
29000	0.420	0.458	0.038	0.335	0.405	0.070
33000	0.377	0.404	0.027	0.298	0.356	0.058
37000	0.320	0.360	0.040	0.269	0.317	0.048
41000	0.303	0.325	0.022	0.242	0.286	0.044
45000	0.274	0.296	0.022	0.218	0.261	0.043

续表

	站点 1			站点 2		
	模拟结果	评估结果	误差	模拟结果	评估结果	误差
49000	0.249	0.272	0.023	0.201	0.240	0.039
53000	0.231	0.252	0.021	0.187	0.222	0.035
57000	0.217	0.234	0.017	0.172	0.206	0.034
61000	0.206	0.219	0.013	0.164	0.193	0.029
65000	0.191	0.205	0.014	0.151	0.181	0.030
69000	0.181	0.193	0.012	0.143	0.170	0.027
73000	0.165	0.183	0.018	0.138	0.161	0.023
77000	0.160	0.173	0.013	0.127	0.153	0.026
81000	0.152	0.165	0.013	0.125	0.145	0.020
85000	0.143	0.157	0.014	0.114	0.138	0.024
89000	0.134	0.150	0.016	0.111	0.132	0.021
93000	0.131	0.143	0.012	0.108	0.126	0.018
97000	0.126	0.137	0.011	0.100	0.121	0.021

以上算例针对的情况不尽相同，但都有与第 4 章相一致的结论：

1）近似评估结果的趋势与模拟结果是一致的，能准确地定性评估备件方案的保障效果。

2）从评估误差来看，当实际使用可用度高或低时，近似评估结果更为准确，能用于定量评估。

3）评估误差较大一般发生在实际使用可用度一般的情况。

此外，从近似评估方法中可以看出，其并没有体现"后方仓库只有在可用备件数量不低于 K 时，才响应站点的备件申请"这一原则，导致近似评估结果会偏大。这与上述算例的模拟结果是一致的。

相比 $(S-1, S)$ 策略，由于 $(S-K, S)$ 策略在一定程度上弱化了后方仓库尽快保证站点维持初始备件水平的能力，因此可以断定：随着 K 的增加，近似评估结果的误差会加大。

在已知站点和后方仓库的修理概率、修理时间和运输时间的情况下，如何选取最优 K 值，是后续实施 $(S-K, S)$ 策略时一个值得研究的问题。

6.2 $(S-X, S)$ 策略

在多等级保障组织体系里，备件处于不同等级的保障单位时，发挥的作用也不同。无论是 $(S-1, S)$ 还是 $(S-K, S)$ 策略，在装备现场站点，备件的作用是排除故障恢复工作，为故障件的修理、上级备件的到来赢得"缓冲"时间，现场站点的备件数量越多，其抵消修理/运输延迟的能力越强；在后方仓库，备件的作用是在接到备件申请时，能尽快响应发出备件，使得装备现场站点的备件数量能尽快恢复到初始水平状态。

对 $(S-1, S)$ 策略而言，从装备发生第一次故障开始，后方仓库就开始早早"消耗"自身的备件。$(S-K, S)$ 策略也同样如此，只不过在时间上稍晚一些而已。

如果我们把站点的备件看成战术预备队、后方仓库的备件看成战略预备队，则采用 $(S-K, S)$ 策略时，在战术预备队还未消耗完毕的情况下，战略预备队就早早"消耗"完毕——补充到战术预备队中。可以设想这样一种情景：站点 2 的装备数量大于站点 1 的列装数，但站点 2 自身的备件数量足够，站点 1 自身的备件数量不足以保证顺利完成任务，在 $(S-1, S)$ 策略之下，后方仓库的备件早早地分配给站点 2，而不是给实际上更为急需备件的站点 1。当到达任务结束时刻，站点 2 也许还有多余的备件未使用，站点 1 则由于"竞争力弱"得到的备件较少而在任务结束之前就先期停止了工作。此时，后方仓库的备件尽管一样被"使用"了，但从全局看，其效率并不高。在这个意义上，采用 $(S-1, S)$ 策略时，我们把后方仓库备件对装备现场站点备件库存的作用，称之为"锦上添花"。

所谓 $(S-X, S)$ 策略，在本章中指：每当站点发生一次故障、消耗一件备件后，不急于马上申请备件，而是依靠站点当前的剩余备件数量，评估在剩余任务时间内完成任务的可能性，计算其能否满足执行任务期间的保障要求。如果不能达到保障要求，则再发出备件补充申请。在 $(S-X, S)$ 策略中，X 指站点备件累计消耗的数量，当剩余备件数量 $S-X$ 不能满足剩余任务时间的保障要求时，才请求补充备件。X 的物理含义是备件补给时机。显然，在 $(S-X, S)$ 策略下，站点会优先、充分使用自身的备件，只有当觉得无把握达到保障要求时，才会发出备件申请，"消耗"后方仓库的备件。此时，后方仓库备件的作用我们称之为"雪中送炭"。

我们认为：针对可靠性高、价值不菲的关重件，$(S-1, S)$策略是科学合理的。但如果是那些可靠性和价格都一般的部件，$(S-1, S)$策略则不尽合理。$(S-X, S)$策略有可能更为显著地发挥上级保障单位"扶危济困"的作用。

那么，$(S-X, S)$策略能否在达到保障要求的前提下，比$(S-1, S)$策略更有效率呢？

为便于研究，我们在后面阐述中约定：$(S-X, S)$策略中，当发出备件申请时，仅申请一件备件。

我们首先看看在两级单站点单层装备情况下，分别采用$(S-1, S)$和$(S-X, S)$策略，同一备件方案二者保障效果的差异情况。

例6.2.1　记保障任务时间为T_w，假定：

1)保障组织体系由后方仓库和装备现场站点(以下简称站点)两级组成，后方仓库备件数量记为S_1，站点自身配备的备件数量记为S_2。

2)站点配有一件产品单元，该产品单元是寿命服从指数分布的不修复件，寿命T的分布记为$\exp(\mu)$。

3)站点向后方仓库提出备件申请的耗时为零。

4)备件从后方仓库到站点存在运输时间T_{y12}，T_{y12}为常量，其物理含义为平均运输时间。

5)在站点，该产品单元(不修复件)发生故障后即报废，通过用备件更换故障件的方式使产品单元恢复工作，换件维修耗时为零。

6)站点采用$(S-1, S)$备件补给策略时，站点每发生一次故障，向后方仓库申领一件备件。

7)站点采用$(S-X, S)$备件补给策略时，站点每发生一次故障，根据站点现有备件数量，计算其在剩余任务时间内的保障效果，并与保障要求P_{a0}相比较，如果低于保障要求则向后方仓库申领一件备件。

分别采用$(S-1, S)$和$(S-X, S)$备件补给策略，建立仿真模型，模拟备件方案的保障效果，统计备件方案的使用可用度、任务结束时后方仓库和站点各自的剩余备件数量。

$(S-X, S)$备件补给策略具体内容如下：

故障发生时刻为T_g，站点在T_g到T_w期间预计可以使用的备件数量记

为 S_{2g}，则在不申请备件的情况下，剩余任务时间 $(T_w - T_g)$ 内该产品单元的累积工作时间 T_2 服从 Gamma 分布 $Ga(S_{2g}, \mu)$，据此可计算出剩余任务期 $(T_w - T_g)$ 内 T_2 的均值 $\overline{T_2}$，则此刻该方案的使用可用度 R_{a2} 评估结果为：

$$P_{a2} = \frac{T_{wg} + \overline{T_2}}{T_w} \qquad (6-5)$$

式中　T_{wg}——站点到 T_g 为止的累计工作时间。

例 6.2.1 参数：保障任务时间 T_w 的取值范围为 1000～20000，后方仓库备件数量 $S_1 = 10$，站点备件数量 $S_2 = 5$，产品单元平均寿命 $\mu = 1000$，备件运输时间 $T_{y12} = 100$，保障要求 $P_{a0} = 0.95$。两种备件补给策略的仿真结果如图 6-6、表 6-5 所示。表 6-5 中备件运输减少比例 P_{1X} 计算方法为：

$$P_{1X} = 100 \times \frac{N_1 - N_X}{N_1} \qquad (6-6)$$

式中　N_1——$(S-1, S)$ 策略后方仓库消耗的备件数量；
　　　N_X——$(S-X, S)$ 策略后方仓库消耗的备件数量。

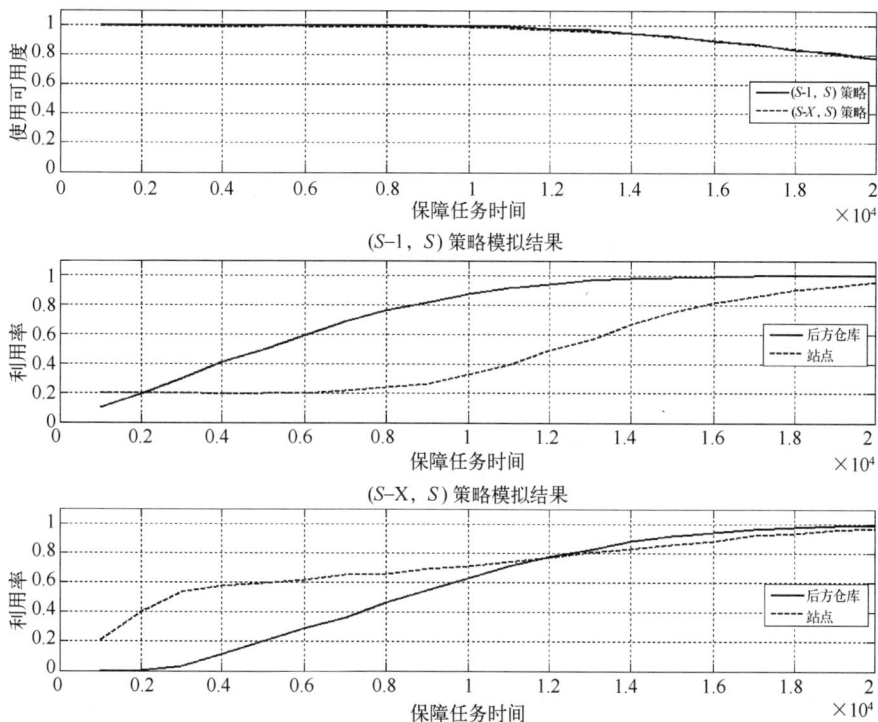

图 6-6　单站点时两种备件补给策略的仿真结果

表6-5 单站点时两种备件补给策略的仿真结果

保障任务时间	$(S-1, S)$策略			$(S-X, S)$策略			备件运输减少比例
	使用可用度	后方仓库剩余备件	站点剩余备件	使用可用度	后方仓库剩余备件	站点剩余备件	
1000	1.000	9.0	4.0	1.000	10.0	4.0	100%
2000	1.000	8.0	4.0	0.995	9.9	3.0	95%
3000	0.999	7.0	4.0	0.990	9.7	2.3	90%
4000	0.999	5.9	4.0	0.988	8.9	2.1	73%
5000	1.000	5.0	4.0	0.990	8.0	2.0	60%
6000	1.000	4.1	4.0	0.989	7.1	1.9	51%
7000	0.999	3.1	3.9	0.985	6.4	1.7	48%
8000	0.999	2.4	3.8	0.987	5.3	1.7	38%
9000	0.998	1.8	3.7	0.986	4.5	1.5	33%
10000	0.994	1.2	3.3	0.983	3.7	1.5	28%
11000	0.990	0.9	3.0	0.978	2.9	1.3	22%
12000	0.975	0.6	2.5	0.971	2.2	1.2	17%
13000	0.967	0.3	2.2	0.959	1.8	1.0	15%
14000	0.946	0.2	1.7	0.944	1.2	0.9	10%
15000	0.926	0.1	1.2	0.921	0.8	0.7	7%
16000	0.893	0.1	0.9	0.900	0.6	0.6	5%
17000	0.873	0.0	0.7	0.867	0.4	0.4	4%
18000	0.832	0.0	0.5	0.841	0.3	0.3	3%
19000	0.814	0.0	0.4	0.806	0.1	0.2	1%
20000	0.778	0.0	0.2	0.778	0.1	0.2	1%

从仿真结果来看，两级单站点情况下，分别采用$(S-1, S)$和$(S-X, S)$备件补给策略，依据不低于保障要求P_{a0}的评判标准，同一备件方案在使用可用度指标方面，二者的保障效果是一样的。两种备件补给策略的差异主要体现在对两级保障单位各自的备件利用率上(备件利用率为消耗的备件数量与初始备件数量的比值)。

对于$(S-1, S)$备件补给策略，后方仓库的备件利用率总是高于站点的备件利用率，这意味着后方仓库和站点之间有着较为频繁的备件运输

(备件申请/响应)。

对于 $(S-X, S)$ 备件补给策略，当保障任务时间较短时，站点的备件利用率要明显高于后方仓库的备件利用率，其原因在于此时站点的初始备件数量足以满足保障要求。随着保障任务时间的增大，站点的初始备件数量渐现不足，站点开始向后方仓库发出备件申请，因此后方仓库的备件利用率也开始随之增大。

仿真结果验证了我们最初的判断：相比 $(S-1, S)$ 备件补给策略，采用 $(S-X, S)$ 备件补给策略，在达到相同保障要求的同时，能更充分地利用站点备件，有效减少后方仓库与站点之间的备件运输次数，提高了站点备件的利用率。

对单站点而言，仿真结果表明：相比 $(S-1, S)$ 备件补给策略的"锦上添花"，$(S-X, S)$ 备件补给策略具有"雪中送炭"的特点。

下面，我们探讨 $(S-X, S)$ 备件补给策略在两级两站点情况下的保障效果。

例 6.2.2 记保障任务时间为 T_w，假定：

1)保障组织体系为两级两站点，后方仓库备件数量记为 S_1，站点 1 自身配备的备件数量记为 S_{21}，站点 2 自身配备的备件数量记为 S_{22}。

2)站点 1 配有 n_1 个产品单元，站点 2 配有 n_2 个产品单元；产品单元为不修复件，寿命服从指数分布 $\exp(\mu)$；站点内各单元之间为串联关系；各个站点的产品为连续工作，每天的工作时间相同。

3)站点向后方仓库提出备件申请的耗时为零。

4)备件从后方仓库到站点存在运输时间 T_{y12}，T_{y12} 为常量，其物理含义为平均运输时间。

5)在站点，换件维修耗时为零。

分别采用 $(S-1, S)$ 和 $(S-X, S)$ 备件补给策略，建立仿真模型，模拟备件方案的保障效果，统计各个站点备件方案的使用可用度。

例 6.2.2 参数：保障任务时间 T_w 的取值范围为 3000 ~ 10000，后方仓库备件数量 $S_1 = 6$，站点 1 的列装数 $n_1 = 1$，备件数量 $S_{21} = 2$；站点 2 的列装数 $n_2 = 3$，备件数量 $S_{22} = 10$；产品单元平均寿命 $\mu = 1000$，备件运输时间 $T_{y12} = 100$，保障要求 $P_{\alpha 0} = 0.9$。

对上述参数进行分析，发现：如果不考虑后方仓库的备件，站点 1 的初始备件方案是一个即便保障任务时间 $T_w = 2000$，备件数量仍显不足的"坏"方案（其使用可用度为 0.730）；站点 2 的初始备件方案是一个保障任务时间长达 $T_w = 4000$，其使用可用度仍可高达 0.915 的备件数量较为充足的"好"方案。

图 6-7、表 6-6 所示为仿真结果。

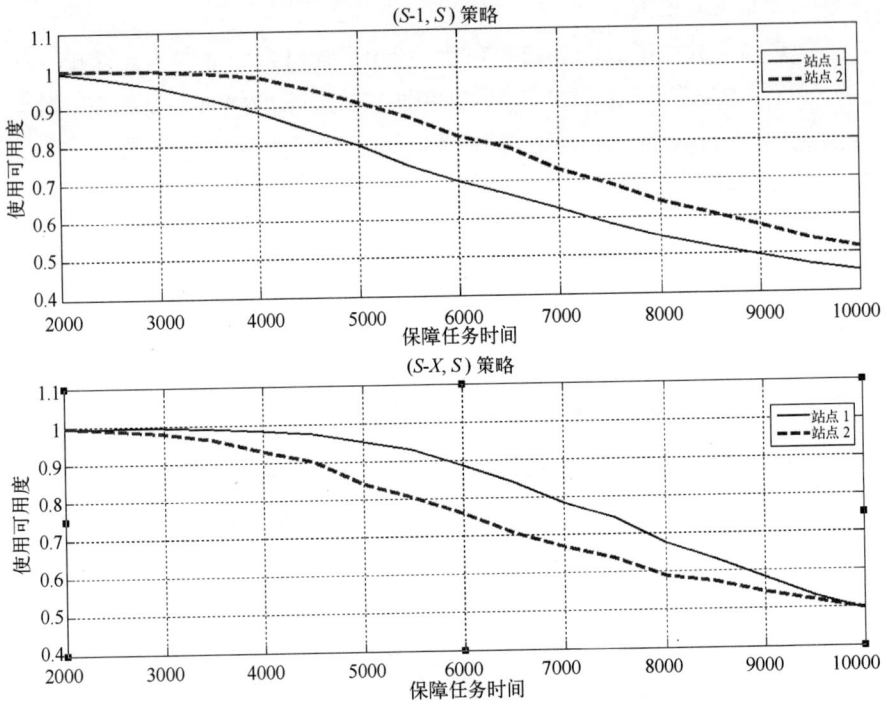

图 6-7　两种备件补给策略对不同站点使用可用度的影响结果

表 6-6　两级两站点时两种备件补给策略的仿真结果

保障任务	$(S-1, S)$策略		$(S-X, S)$策略	
时间	站点 1	站点 2	站点 1	站点 2
2000	0.994	1.000	0.993	0.997
2500	0.977	0.999	0.994	0.988
3000	0.953	0.997	0.994	0.978
3500	0.923	0.991	0.990	0.961
4000	0.887	0.978	0.983	0.928

保障任务时间	$(S-1, S)$策略		$(S-X, S)$策略	
	站点1	站点2	站点1	站点2
4500	0.841	0.947	0.975	0.901
5000	0.797	0.909	0.951	0.840
5500	0.743	0.870	0.928	0.804
6000	0.701	0.817	0.887	0.759
6500	0.665	0.787	0.841	0.707
7000	0.626	0.728	0.784	0.669
7500	0.584	0.688	0.743	0.637
8000	0.549	0.641	0.675	0.589
8500	0.522	0.610	0.631	0.573
9000	0.497	0.574	0.583	0.544
9500	0.472	0.540	0.533	0.521
10000	0.454	0.514	0.496	0.499

图6-7显示了不同备件补给策略对站点方案保障效果的影响。

从图6-7可以看出：

1）采用$(S-1, S)$备件补给策略时，由于站点2的列装数量大于站点1，因此后方仓库的备件大部分会分配给站点2，站点1和站点2由于初始方案导致的"坏、好"差异虽然由于后方仓库备件的原因有所改善，但站点1和站点2同时满足"使用可用度不低于0.9"保障要求的保障任务时间小于4000。

2）采用$(S-X, S)$备件补给策略时，由于站点1备件方案的"先天不足"和站点2备件数量较为充分，站点1会优先提出备件申请，因此站点1的保障效果得到明显改善，站点1和站点2同时满足"使用可用度不低于0.9"保障要求的保障任务时间可以达到4500。

图6-8显示了各站点备件方案受不同备件补给策略的保障效果影响情况。

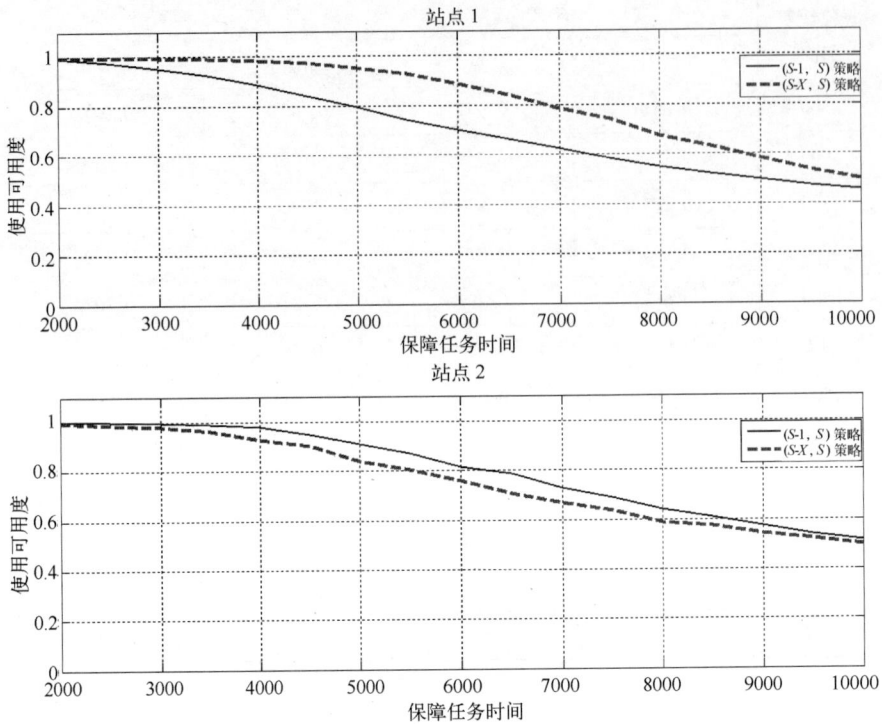

图6-8　各站点使用可用度受两种备件补给策略的影响结果

从图6-8可以看出：

1)站点1受益于$(S-X, S)$备件补给策略，能有效改善保障效果。

2)在保障任务时间较短或较长的情况下，站点2在$(S-1, S)$和$(S-X, S)$备件补给策略下的保障结果差别不大。只有在使用可用度为中等数值情况下，站点2在$(S-X, S)$备件补给策略下的保障结果会稍逊于$(S-1, S)$备件补给策略，其原因在于该算例中后方仓库的初始备件数量有限，站点1的备件申请更为"急迫"、先期被满足，后期可分配的后方仓库备件数量相对减少，导致使用可用度有所减少。

对多站点而言，仿真结果表明：相比$(S-1, S)$备件补给策略的"强者愈强、弱者愈弱"马太效应，$(S-X, S)$备件补给策略具有"劫富济贫"的特点。

第7章 多级备件方案优化

第4章介绍了单层装备在两级保障组织体系下备件方案的保障效果评估方法，其关键在于计算各个装备现场站点"竞争"得到后方仓库的备件数量。

第5章介绍了单级保障组织体系条件下，针对单个站点上的两层级装备，备件方案同时包含 LRU、SRU 备件的情况下，如何评估保障效果的方法。其关键在于如何将 SRU 备件折算成 LRU 等效数量。

在实际工作中，我们面临的是如何评估多等级保障组织体系下、多层级装备的备件方案。本章将对第4、5章的内容进行综合，完整阐述多级备件方案的保障效果评估技术。在后面的阐述中，提及的"多级备件方案"意指装备多层级结构、保障组织体系多等级结构下的备件方案。

准确评估各种备件方案的保障效果，是备件方案优化的前提。备件方案优化问题可以视为"如何准确评估备件方案的保障效果 + 优化算法"问题，它以各站点达到保障指标要求下寻求最少费用的备件方案为目标，或者以在费用不超过某上限要求下各站点达到最高保障效果为目标。

7.1 多级备件方案保障效果评估

本节以图 7-1 所示的两层、两级、两站点为例，阐述多级备件方案的保障效果评估技术。

图 7-1 中，站点 1 的装备列装数量为 n_1，站点 2 的装备列装数量为 n_2，各站点每台装备的日平均工作强度相同，假定站点内装备之间为串联关系。在使用站点，仅配备 LRU 备件，当 LRU 发生故障后，站点只更换 LRU、不修理 LRU 故障件。在后方仓库，则可同时配备 LRU 和 SRU 备件，后方仓库可对故障 LRU、故障 SRU 进行修理，且存在修理耗时和修

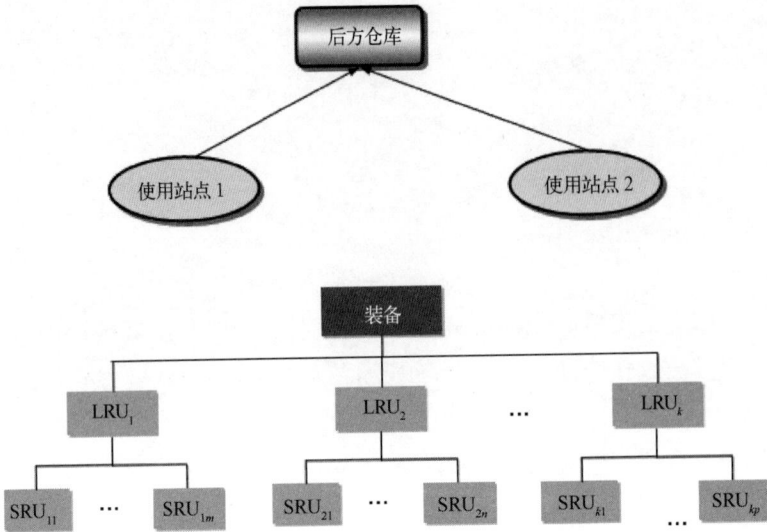

图 7 - 1　两级保障组织体系、两层级装备

复概率(修复概率小于1)。LRU 故障件、LRU 备件存在运输时间。

该装备由 k 项 LRU 组成，每项 LRU 又由多项 SRU 组成。LRU 之间为串联关系，LRU 内各项 SRU 之间为串联关系。

任务期间，备件方案支持下该装备的任务成功率 Ps 与第 i 项 LRU 的任务成功率 Ps_i 的关系如下式：

$$\mathrm{Ps} = \prod_{i=1}^{k} \mathrm{Ps}_i \qquad (7-1)$$

各项 LRU 的任务成功率可以独自计算，相互之间无影响。因此，多等级、多层级备件方案保障效果的基础是评估各 LRU 的保障效果。针对 LRU 的保障效果评估过程如下：

假定：某 LRU 包含 k 项 SRU，第 i 项 SRU 的故障间隔时间服从指数分布 $\exp(\mu_i)$，其修复概率为 Ps_i，该 LRU 的修复概率为 Pl。在站点 1，该 LRU 的备件数量为 lruS_1；在站点 2，该 LRU 的备件数量为 lruS_2；在后方仓库，该 LRU 的备件数量为 lruS_0，各 SRU 的备件数量为 sruS_1，sruS_2，$\cdots$，sruS_k。

1)根据 LRU 内各 SRU 的修复概率，将各 SRU 等效为寿命服从指数分布 $\exp(\mu_i')$ 的不修复件(其中，$\mu_i' = \dfrac{\mu_i}{1 - \mathrm{Pl} \times \mathrm{Ps}_i}$)。

2）根据各 SRU 的等效寿命 μ_i'，以 LRU 总量 $(1 + \mathrm{lruS}_1 + 1 + \mathrm{lruS}_2 + \mathrm{lruS}_0)$，将后方仓库 SRU 的备件数量 sruS_1，sruS_2，$\cdots$，sruS_k，折算成 lruS_0' 个 LRU。具体计算方法见 5.2 节。

3）根据站点 1、站点 2 在单位时间内该 LRU 的故障次数，将后方仓库 $(\mathrm{lruS}_0 + \mathrm{lruS}_0')$ 件 LRU 分配给站点 1、站点 2，站点 1、站点 2 得到的 LRU 备件数量记为 lruS_{01}、lruS_{02}。具体计算方法见第 4 章的 4.3 节。

4）计算 LRU 的等效寿命 U_{lru}：$U_{\mathrm{lru}} = \dfrac{1}{\sum\limits_{i=1}^{k} \dfrac{1}{\mu_i'}}$。

5）站点 1 该 LRU 的累积工作时间服从 Gamma 分布 $\mathrm{Ga}(1 + \mathrm{lruS}_1 + \mathrm{lruS}_{01}$，$\dfrac{U_{\mathrm{lru}}}{n_1})$，站点 2 该 LRU 的累积工作时间服从 Gamma 分布 $\mathrm{Ga}(1 + \mathrm{lruS}_2 + \mathrm{lruS}_{02}$，$\dfrac{U_{\mathrm{lru}}}{n_2})$，据此计算站点 1 该 LRU 的保障任务成功率 $\mathrm{Ps1}_i$ 和站点 2 该 LRU 的保障任务成功率 $\mathrm{Ps2}_i$。

6）在计算完所有 LRU 的保障任务成功率后，计算站点 1 的保障任务成功率 $\mathrm{Ps1}_0 = \prod\limits_{i=1}^{k} \mathrm{Ps1}_i$，站点 2 的保障任务成功率 $\mathrm{Ps2}_0 = \prod\limits_{i=1}^{k} \mathrm{Ps2}_i$。

7）在得到各站点的保障任务成功率后，计算其平均保障任务成功率，即可得到各站点装备的使用可用度，以所有站点的平均使用可用度作为备件方案的综合评估结果。

图 7-2 的参数为：站点 1 的装备列装数为 2，站点 2 的装备列装数为 3，装备内包含 10 项 LRU，每项 LRU 内包含的 SRU 不超过 10 项，所有 SRU 平均故障间隔时间在 500～3000 之间随机产生。后方仓库的各项 LRU 备件数量为 20，其他 SRU 备件数量随机产生，各站点的 LRU 备件数量随机产生（但不得小于 3）。LRU 和 SRU 的修复概率随机产生，所有的运输时间为 100，所有的修理时间为 100。图 7-2 所示为评估结果和模拟结果。

大量仿真结果表明：评估误差基本都在保障效果的模拟根方差范围内，该评估方法有着很好的评估准确性。

两层、两级、两站点（多装备，串联），有运输、修理时间！站点的
装备数 =2，3，装备的 LRU 项数 =10，SRU 种类数 =10，5，5，2，3，3，5，5，6

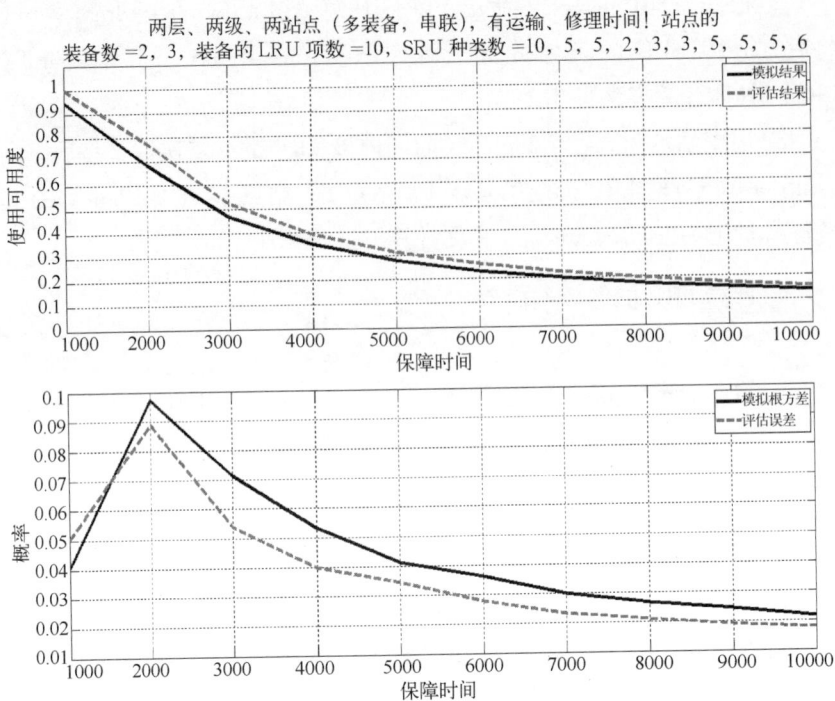

图 7-2　装备内包含 10 项 LRU 时多级备件方案的综合使用

可用度的模拟结果和评估结果

7.2　边际优化算法

为便于论述，本节以单站点、单层装备为背景，重点阐述备件方案的
优化算法。

备件方案的优化问题可描述为：在不低于规定的装备使用可用度 Pa_0
或保障任务成功率 Ps_0 等效能指标的前提下，使整个备件方案的备件购置
费用最低。其优化模型如下：

$$\begin{cases} \min \sum_j C_j s_j \\ \text{s. t. } Pa \geqslant Pa_0 \quad \text{或者} \quad Ps \geqslant Ps_0 \end{cases} \qquad (7-2)$$

式中　C_j——第 j 项 LRU 的单价；

s_j——第 j 项 LRU 的备件数量；

Pa_0——装备使用可用度保障指标；

Ps_0——保障任务成功率保障指标。

由于二者的关联性，并且装备的保障任务成功率等于各 LRU 保障任务成功率的连乘，在后续的研究中，我们以保障任务成功率作为优化指标。

边际优化算法是一种在备件方案优化领域广泛采用的方法。它采用边际效应分析的方法，在优化迭代计算过程，每次只对一项 LRU 的备件数量增加 1 件，遍历计算相应的边际效益值 $\delta(j)$，并取最大边际效益值对应的备件方案作为当前迭代优化结果，用于下一次的迭代优化计算。边际效益值 $\delta(j)$ 计算式如下：

$$\delta(j) = \frac{Ps_j - Ps}{C_j} \qquad (7-3)$$

式中　Ps——当前迭代开始前，当前备件方案的保障任务成功率；

Ps_j——以当前备件方案为基础，把第 j 项 LRU 的备件数量增加 1 件后，新备件方案对应的保障任务成功率。

边际优化算法的计算流程[22] 如图 7-3 所示。

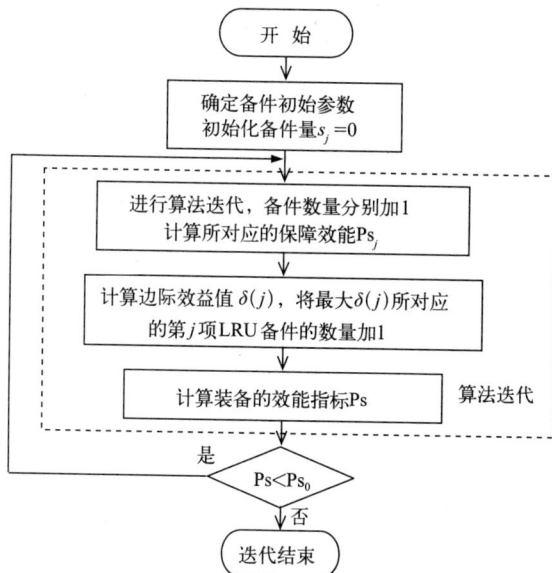

图 7-3　边际优化算法流程

例 7.2.1 某站点列装某型装备一台，该装备为单层结构，由 n 项 LRU 组成，LRU 寿命为服从指数分布的不修复件，已知各 LRU 的平均寿命 $\mathrm{lruT}(j)$、价格 $\mathrm{lruC}(j)$，保障任务时间 T_w，应用边际优化算法，计算该装备保障任务成功率不低于 Ps_0 时的最优备件方案。

例 7.2.1 参数为：$T_w = 2000$，$\mathrm{Ps}_0 = 0.8$，$n = 3$，$\mathrm{lruT} = [800\quad 1600\quad 2400]$，$\mathrm{lruC}[100\quad 200\quad 300]$。表 7-1 所示为边际优化结果。

表 7-1 边际优化结果

	备件方案			费用(元)	保障任务成功率
	第 1 项 LRU 备件数量	第 2 项 LRU 备件数量	第 3 项 LRU 备件数量		
初始方案	0	0	0	0	0.010
第 1 次迭代结果	1	0	0	100	0.036
第 2 次迭代结果	2	0	0	200	0.068
第 3 次迭代结果	2	1	0	400	0.152
第 4 次迭代结果	3	1	0	500	0.212
第 5 次迭代结果	3	1	1	800	0.389
第 6 次迭代结果	4	1	1	900	0.458
第 7 次迭代结果	4	2	1	1100	0.617
第 8 次迭代结果	5	2	1	1200	0.663
第 9 次迭代结果	5	2	2	1500	0.788
第 10 次迭代结果	5	3	2	1700	0.873

从表 7-1 可以看出：第 $i+1$ 次迭代的优化方案与第 i 次的优化方案相比，只在 1 项 LRU 的备件数量上相差 1 件。

图 7-4 所示为 $T_w = 5000$，$\mathrm{Ps}_0 = 0.99$ 时的边际优化结果。图 7-4 中，横坐标为备件方案的费用，纵坐标为优化方案的保障任务成功率，显示了费用和保障效果（保障任务成功率）之间的关系，我们称之为费效曲线。利用该曲线，备件方案制定人员能清晰地了解：要达到某种保障指标要求时，最少需要多少钱；在费用总额确定的情况下，最好的保障效果能达到何种程度，从而辅助备件方案制定人员制定最优备件方案。

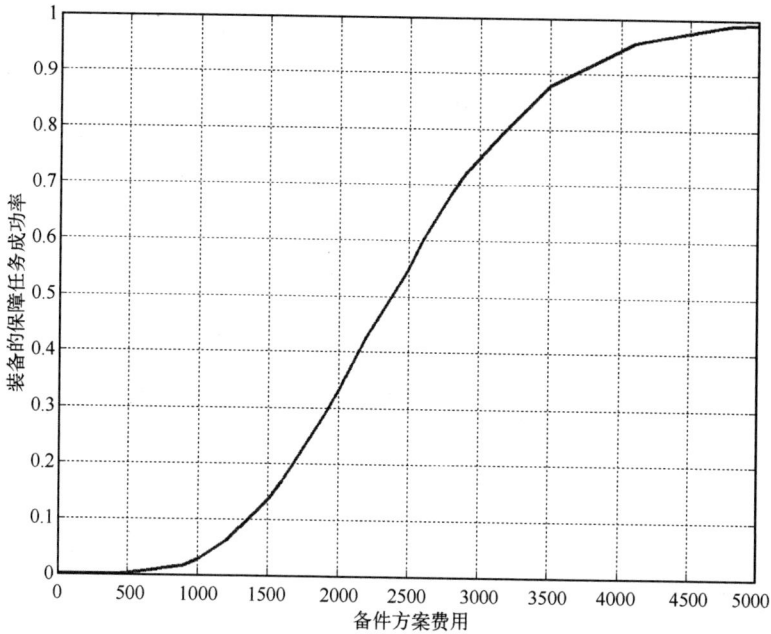

图7-4　边际优化结果

相比其他算法而言，边际优化算法操作简单、运算速度快、结果精度高。当保障效果为凸函数时，其能够保证整个费效曲线上的每个点都是最优解。

仔细分析例7.2.1可以发现：边际优化过程实际上利用的是表7-2的行数据。表7-2显示了各项LRU不同备件数量时，LRU的保障任务成功率$lruP_s(j、m)$。

表7-2　LRU的保障任务成功率

j	备件数量：m					
	0	1	2	3	4	5
第1项LRU	0.08208	0.28730	0.54381	0.75758	0.89118	0.95798
第2项LRU	0.28650	0.64464	0.86847	0.96173	0.99088	0.99816
第3项LRU	0.43460	0.79676	0.94767	0.98958	0.99832	0.99977

我们可以把表中的行数据（备件数量）看成第j项LRU的备件方案编

号，由于装备的保障任务成功率为各 LRU 的保障任务成功率的乘积，因此当每项 LRU 的待选备件方案为凸函数时，装备的保障任务成功率也为凸函数。这与 Sherbrooke[23] 通过分析得出"边际优化方法在求解单个站点、单层次结构的备件库存模型时，能够得到全局最优解"的结论相吻合。

但 Sherbrooke 同时也指出：在求解多等级多层级模型时，边际优化方法不能保证所得到的结果是全局最优的。其原因是算法在迭代过程中所对应的费效曲线上可能会产生凹点，要保证解是最优的，需要在算法迭代过程中删掉曲线上的所有凹点，以保证费效曲线上的所有点都是凸点[24]。

我们认为：Sherbrooke 等在求解多级模型时，其备选方案类似于表 7 - 3。

表 7 - 3   多级装备边际优化备选方案

j	备件数量：m					
	0	1	2	3	4	5
LRU_1	—	—	—	—	—	—
SRU_{11}	—	—	—	—	—	—
SRU_{12}	—	—	—	—	—	—
⋮						
SRU_{1k}	—	—	—	—	—	—
LRU_2	—	—	—	—	—	—
SRU_{21}	—	—	—	—	—	—
⋮						

表 7 - 3 中，SRU_{ij} 表示该 SRU 是从属于 LRU_i 的第 j 项 SRU，每一行数据表示某项 LRU 或 SRU 备选方案的保障效果，但此时装备的保障任务成功率并不是所有 LRU 和 SRU 保障任务成功率的连乘。从第 5 章我们可以知道，实际上对于多层级装备，由 LRU_i，SRU_{i1}，SRU_{i2}，…，SRU_{ik} 各自备件数量组成的待选方案，最终是以综合成 LRU_i"折算"数量的形式反映到装备的保障任务成功率上的。按照表 7 - 3 的方式直接应用边际优化算法，不能保证某项 LRU_i 的最终"折算"数量是始终递增、凸函数的。

这样一来，当站点较多或装备为多层级复杂结构时，删除优化过程中的凹点，会消耗大量的程序运算时间。在实际工程应用过程中，是耗费大量时间寻求最优方案，还是不做凹点删除从而节省大量时间得到较优方案，往往仁者见仁、智者见智。但后者往往是一种更现实的选择。通过大量的实验表明[25]：考虑到在迭代过程中出现凹点的可能性很小，后者得到的方案不失为一种较好的优化方案，所得到的准最优结果与全局最优解之间的误差很小，可以忽略不计。

那么，有没有办法既能使用边际优化算法又能保证凸函数特性呢？

比较表7-2和表7-3，应用第5章多层级装备的SRU"折算"概念，可发现：如果，对多层级装备，剔除表7-3中的所有SRU行数据，仍然采用表7-2的结构，此时第二行中整数的物理含义由原来的备件数量变为各项LRU的备选备件方案编号，每一个备选方案都用LRU折算数量和费用来描述。当随着方案编号的递增，方案的LRU折算数量和费用也随之递增（即备选方案序列具备凸函数性质）时，再利用装备的保障任务成功率等于各项LRU保障任务成功率的连乘特性，从而保证边际优化函数为凸函数。

至此，针对多层级装备，备件方案的边际优化算法可以分为两个阶段：

1）针对每一项LRU，生成如表7-2所示的LRU备选方案序列，该序列具备LRU的保障效果"越来越好、越来越贵"的凸函数特性。

2）开展边际分析，迭代计算，选定优化方案。

由于第二阶段是最常见的边际优化应用方式，因此在后面的章节中，我们着重讨论第一阶段面临的问题：如何生成"越来越好、越来越贵"的LRU备选方案序列。

7.3 遍历法：有限解空间

在本节中，我们以单站点、两层结构装备为例展开论述。

当LRU中包含的SRU种类数量不大时，可以采用遍历的方法生成该LRU备选方案序列。

（1）确定遍历空间的范围。假定装备的保障任务成功率指标为Ps_0，该装备包含m项LRU，则分配给每项LRU的保障任务成功率指标在$\sqrt[m]{Ps_0}$附近；若第i项LRU包含n项SRU，则各项$SRU_{ij}(1 \leqslant j \leqslant n)$分配到的保障任

务成功率指标在 $\sqrt[m]{Ps_0}$ 附近，利用 $\sqrt[m]{Ps_0}$ 可计算出 LRU_i 的最大备件数量 S_i，利用 $\sqrt[mn]{Ps_0}$ 可计算出 SRU_{ij} 的最大备件数量 S_{ij}。至此，我们将理论上备件数量在 $0 \sim \infty$ 范围内的无穷空间，缩小到一个空间大小为 $(S_i + 1)\prod\limits_{j=1}^{n}(S_{ij} + 1)$ 的有限解空间。

(2) 对该有限解空间，以遍历的方式计算所有备件方案的 LRU 折算数量和费用。具体折算方法见第 5 章内容，此处不再累述。

(3) 对所有备件方案进行筛选，得到该 LRU "越来越好、越来越贵" 的备选方案序列。

筛选步骤如下：

1) 将所有备件方案按照 LRU 折算数量从小到大进行排序，得到 "越来越好" 的备件方案序列 1。

2) 依次取出备件方案序列 1 中的各项方案，分别与该方案后面的所有方案进行费用比较，如果存在某个比该方案费用还低或相同的方案，则该方案标记为 "坏方案"。

3) 当对所有方案完成 "好/坏方案" 标记后，从备件方案序列 1 中剔除 "坏方案"，剩余备件方案序列即为 "越来越好、越来越贵" 的备件方案序列 2。该序列可用于后续的边际优化，最终得到装备的费效曲线。

例 7.3.1 在某站点上部署一台装备，该装备为两层级结构，包含 3 项 LRU，所有的故障 LRU 都能通过更换故障 SRU 实现修复，所有的 SRU 都为不修复件。第 1 项 LRU 由 2 项 SRU 组成，SRU 寿命分别为 500、1000，SRU 价格分别为 1000、2000；第 2 项 LRU 由 3 项 SRU 组成，SRU 寿命分别为 500、1000、1500，SRU 价格分别为 1000、2000、3000；第 3 项 LRU 由 4 项 SRU 组成，SRU 寿命分别为 500、1000、1500、2000，SRU 价格分别为 1000、2000、3000、4000。保障任务时间为 3000，采用 "遍历 + 边际优化算法" 计算优化后备件方案的费效曲线。

我们以装备的保障任务成功率指标 0.8 为例，对各 LRU、SRU 进行指标分配，进而计算其最大备件数量，确定各自的有限解空间范围。整个计算耗时约 100s，计算的中间结果如表 7 - 4 所示。

表 7 – 4　遍历结果

	分配的指标	最大备件数量	有限解空间	筛选后的备选方案数量
LRU_1	0.928	14		
SRU_{11}	0.963	11	1260	63
SRU_{12}	0.963	6		
LRU_2	0.928	16		
SRU_{21}	0.976	11		
SRU_{22}	0.976	7	9792	70
SRU_{23}	0.976	5		
LRU_3	0.928	18		
SRU_{31}	0.982	12		
SRU_{32}	0.982	7	71136	91
SRU_{33}	0.982	5		
SRU_{34}	0.982	5		

边际优化完成后，得到的费效曲线如图 7 – 5 所示。

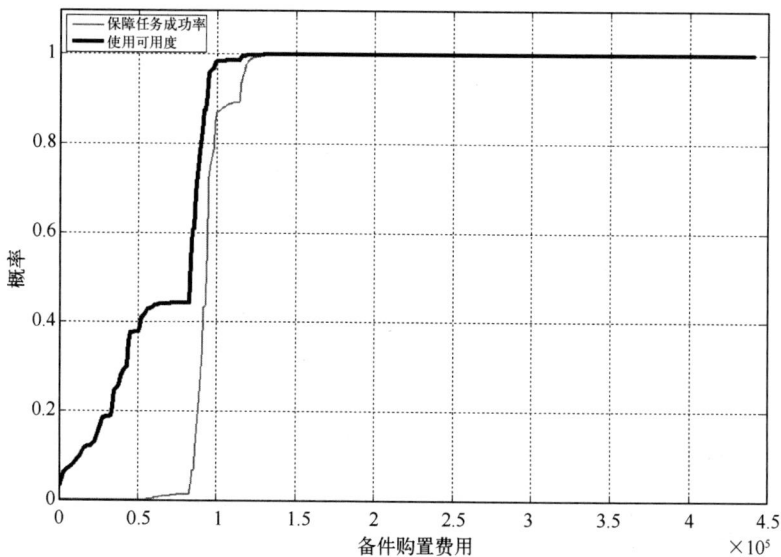

图 7 – 5　基于遍历法的边际优化结果

表 7 – 5 所示为该装备四种使用可用度对应的最优备件方案。

表7-5　四种使用可用度对应的最优备件方案

	备件数量			
LRU_1	1	1	1	3
SRU_{11}	11	11	11	11
SRU_{12}	5	5	5	5
LRU_2	1	0	0	0
SRU_{21}	5	6	7	9
SRU_{22}	3	4	4	5
SRU_{23}	1	3	3	4
LRU_3	1	1	1	1
SRU_{31}	10	10	10	12
SRU_{32}	5	5	5	6
SRU_{33}	3	3	3	4
SRU_{34}	2	2	2	2
装备使用可用度	0.828	0.909	0.958	0.993
装备保障任务成功率	0.326	0.535	0.726	0.937
费用	91000	94000	95000	115000

　　上述计算中，需要对遍历有限解空间得到的备件方案进行筛选，筛选过程的计算复杂度为 $O(N^2)$，占据了相当多的计算耗时。寻找高效筛选算法是非常有价值的工作。

7.4　遗传算法：无限解空间

　　7.3 节介绍的采用遍历法得到 LRU 备选方案，只适用于有限解空间。即便保持例7.3.1中装备的相关参数不变，只将单站点改为两站点（两级保障组织体系），即便后方仓库可同时配置 LRU 和 SRU 备件，装备使用站点仅配置 LRU 备件，则其解空间也将增大百倍以上，计算耗时将达到无法容忍的程度。因此，必须直面无限解空间情况下，在可接受的时间内如何得到 LRU 备选方案的问题。

对单项 LRU 而言，其 SRU 的种类数一般来说并不大，在几十以内比较常见。我们研究认为，利用遗传算法，以高效搜索近似达到遍历效果，能较好地解决有限时间内难以遍历所有备件方案的问题。

遗传算法(Genetic Algorithms，GA)作为一种以"进化"实现"优化"的智能搜索算法，具有对目标函数无连续或可微的要求、全局寻优能力强等特点，特别适用于处理传统搜索方法难以解决的复杂非线性问题。在 Matlab 中提供了成熟稳定、寻优能力优秀的 GA 工具箱(下文中的 GA 工具箱都特指 Matlab 中的 GA 工具箱)，它为用户封装了选择、杂交、变异等进化操作，用户只需将待优化的问题转化为 GA 工具箱提供的接口函数(适应度函数)，就能快速进行优化计算。GA 工具箱的出现，正如傻瓜相机使得普通大众也能拍出令人满意的照片一样，为广大工程/研究人员提供了强大、好用的优化利器。

Matlab 的 GA 工具箱规定：个体的适应度越小，则该个体越优秀。应用 GA 解决问题的关键，在于设计合理的适应度函数，用于准确量化个体的"好坏"程度，进而能确定进化方向，最终实现优化。GA 从本质上来说属于一种概率搜索，并不能 100% 保证搜到最优解。大量的 GA 工程应用也表明，GA 具有强大的优化能力，其结果往往与最优解相差无几，对于追求可行、优化的工程问题来说，GA 确为一种很好的优化方法。

从遗传算法的角度，某项 LRU 及其所属 k 项 SRU 的备件方案，可视为一个编码长度为 $1+k$ 的个体，记为 $[n_0 \quad n_1 \quad n_2 \quad \cdots \quad n_k]$。其中 n_0 为该 LRU 的备件数量，$n_j(1 \leqslant j \leqslant k)$ 为其所属第 j 项 SRU 的备件数量，在遗传算法中 n_0、n_j 的取值范围可以为 $0 \sim \infty$。参照第 5 章的内容，当把 $[n_0 \quad n_1 \quad n_2 \quad \cdots \quad n_k]$ 中各项 SRU 备件数量"折算"成 LRU 数量后(记折算结果为 n_s)，则该备件方案的等效 LRU 数量为 $(n_0 + n_s)$。利用遗传算法，将对解空间大小为 $(S_0 + 1)\prod\limits_{j=1}^{k}(S_j + 1)$ 的遍历问题，转化成 $1+k$ 维空间的 GA 优化问题。GA 的优化能力与 k 相关。以我们的经验：k 在 20 以内，GA 的优化能力大都比较良好。

应用遗传算法，产生 LRU 备选方案的过程如下：

(1)按照分配给该 LRU 的保障指标要求，计算出 LRU 的最大备件数量 N_{max}。

(2)以 0.01 为步长，在 $0 \sim N_{max}$ 范围内遍历目标 LRU 数量 N_{obj}。对每一个 N_{obj} 值，应用遗传算法，寻求等效 LRU 数量 $(n_0 + n_s)$ 极为接近 N_{obj} 的费用最少备件方案。至此，得到一组备件方案序列 1。在序列 1 中，备件方案的等效 LRU 数量，是近似从 0 到 N_{max} 递增的。

(3)对序列 1 进行 7.3 节阐述的"筛选"，得到该 LRU "越来越好、越来越贵"的一组备选方案序列 2，该序列用于下一步的边际优化，计算费效曲线。

当 GA 备件方案的等效 LRU 数量 $(n_0 + n_s)$ 与目标 LRU 数量 N_{obj} 之间的误差在允许范围 δ 以内时，以该方案的备件购置费用作为适应度值；当超出误差允许范围 δ 时，则返回一个与误差程度成正比的值作为适应度值。

例 7.4.1 在某站点上部署一台装备，该装备为两层级结构，包含 3 项 LRU，所有的故障 LRU 都能通过更换故障 SRU 实现修复，所有的 SRU 都为不修复件。第 1 项 LRU 由 2 项 SRU 组成，SRU 寿命分别为 500、1000，SRU 价格分别为 1000、2000；第 2 项 LRU 由 3 项 SRU 组成，SRU 寿命分别为 500、1000、1500，SRU 价格分别为 1000、2000、3000；第 3 项 LRU 由 4 项 SRU 组成，SRU 寿命分别为 500、1000、1500、2000，SRU 价格分别为 1000、2000、3000、4000。保障任务时间为 3000，采用"GA + 边际优化算法"计算其优化后备件方案的费效曲线。

Matlab 中 GA 的参数设定为：EliteCount = 4，PopulationSize = 32，Generations = 200。其他参数为缺省值。

算例参数与例 7.3.1 相同。图 7 - 6 显示了"GA + 边际优化算法"和"遍历 + 边际优化算法"两种方式得到的费效曲线。

对比二者的结果发现：在某些情况下，"GA + 边际优化算法"得到的备件方案其保障效果要比"遍历 + 边际优化算法"效果差，其原因在于 GA 本质上是一种概率搜索算法，不能保证一定能找到最优解；在有些情况下，"GA + 边际优化算法"得到的备件方案其保障效果则好于"遍历 + 边际优化算法"效果，这是因为在理论上 GA 是在 $0 \sim \infty$ 范围内对 LRU 或 SRU 的备件数量进行搜索，而"遍历 + 边际优化算法"出于缩小解空间的目的，对 LRU 或 SRU 的最大备件数量设置了一个上限，对上限以外的空间不进行遍历，因此可能漏掉最优解。

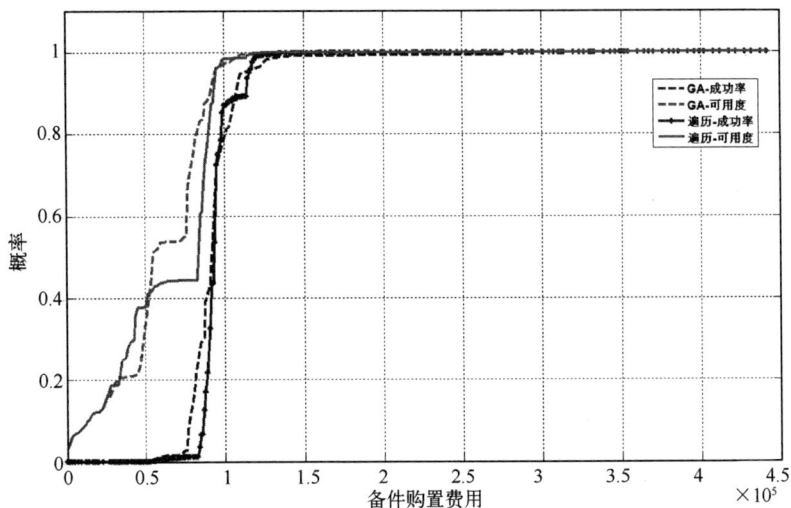

图7-6 分别基于 GA 和遍历的边际优化结果对比图

随着装备的使用可用度要求逐步增大，二者之间的差别随之越来越小。对于备件方案制定人员最关心的高可用度方案，二者的差别更小。

例7.4.1中计算耗时2400s，远高于例7.3.1中计算耗时。但"GA+边际优化算法"的计算耗时，对 LRU 中包含的 SRU 项数不敏感，SRU 项数不论是5还是10，耗时基本相同。"遍历+边际优化算法"的计算耗时对 LRU 中包含的 SRU 项数极为敏感，当 SRU 项数超过5时，耗时巨大到该方法此时已基本不可用的程度。

第 8 章　总　结

准确评估备件方案的保障效果，是备件方案优化的前提。本书聚焦备件方案的效果评估技术，指出任务期间维修保障的重要特点：在执行任务期间，装备现场尤其是海军装备，远离陆地保障组织系统，不能得到全体保障组织单位的支持，只能依靠修理能力有限的舰员级、舰艇编队等保障组织单位，导致故障件在任务期间不能被最终修复，存在故障件"报废"现象。

针对任务期间这种故障件不完全修复的特点，全面考虑保障组织的多等级结构、装备的多层级结构、备件运输时间、故障件修理时间/概率、是否允许串件拼修、备件补给策略等影响因素，我们建立了一系列的仿真模型，在大量仿真实验的基础上，最终形成多级备件方案保障效果评估技术。该技术的主要内容如下：

1）从寿命等效的角度，把修复概率小于 1 的备件等效为不修复件。该做法使得我们提出的多级评估技术与 METRIC 理论提出的多级技术，是两种解决问题思路迥异的技术。

2）利用备件能减少保障延误风险、减弱保障延误效果的天然特性，提出以运输时间和修理时间都为零这种最理想条件下的保障效果，作为现实条件（运输时间和修理时间都不为零）下的近似评估效果。评价结果在装备现场备件数量越多、实际保障效果好或差时，具有很高的准确性。仿真表明：配置在装备现场的备件，能直接"抵消"备件运输时间和故障件修理时间引起的保障延误影响；配置在后方仓库的备件，主要起尽力保持装备现场初始备件水平的作用，"抵消"后方保障单位修理故障件引起的保障延误影响。

3）当不允许串件拼修时，只要把 SRU 备件折算成 LRU，就能准确评估多层级装备备件方案的保障效果。SRU 折算结果主要取决于因 SRU 失效导致 LRU 故障的概率和 LRU 数量。

4）当允许串件拼修时，多层级装备实际上就相当于单层级装备。依据该认识得到的评估结果和仿真结果极为吻合。

一个好的理论应该是易于理解的，而不是掩藏在一堆艰涩的术语和错综复杂的论述中。理论的建立过程也许是曲折的，理论的某些细节或许是精巧的，但事后看、整体上看：好的理论框架常常很简洁。一种复杂的问题，未必不能有一种简单的解决方法。有时，我们没有找到正确的解决方法，或许因为自己无视了"皇帝的新装"这样的事实。

参考文献

[1] Sherbrooke C C. 装备备件最优库存建模——多级技术[M]. 2 版. 贺步杰，等译. 北京：电子工业出版社，2008.

[2] Hadley G, Whitin T M. Analysis of inventory system[M]. Englewood Cliffs, N. J. : Prentice-Hall, Inc. , 1963.

[3] Sherbrooke C C. Metric a multi-echelon technique for recoverable item control[J]. Operations Research, 1968, 16(1): 122 – 141.

[4] Feeney G J, Sherbrooke C C. The $(S-1, S)$ inventory policy under compound poisson demand[J]. Management Science, 1966, 12(5): 391 – 411.

[5] Sherbrooke C C. Technical note-waiting time in an $(S-1, S)$ inventory system – constant service time case[J]. Operations Research, 1975, 23(4): 819 – 820.

[6] Muckstadt J A. A model for a multi-item multi-echelon multi – indenture inventory system[J]. Management Science, 1973, 20(4): 472 – 481.

[7] Sherbrooke C C. An evaluator for the number of operationally ready aircraft in a multi-level supply system[J]. Operations Research, 1971, 19(3): 618 – 635.

[8] Simon R M. Stationary properties of a two-echelon inventory model for low demand Items [J]. Operations Research, 1971, 19(3): 761 – 773.

[9] Cross D. On the ample service assumptions of palm's theorem in inventory modeling[J]. Management Science, 1982, 28(9): 1065 – 1079.

[10] Graves S C. A multi-echelon inventory model for a repairable item with one-for-one replenishment[J]. Management Science, 1985, 31(10): 1247 – 1256.

[11] Sherbrooke C C. Vari-Metric: improved approximations for multi-indenture multi-echelon availability models[J]. Operations Research, 1986, 34(2): 311 – 319.

[12] Lee H L. A multi-echelon inventory model for repairable items with emergency lateral transshipments[J]. Management Science, 1987, 33(10): 1302 – 1316.

[13] Kaplan A J. Incorporating redundancy considerations into stockage models[J]. Naval Research Logistics, 1989, 36: 625 – 638.

［14］Schultz C R. On the optimality of the $(S-1, S)$ policy［J］. Naval Research Logistics，1990，37：715－723.

［15］Svoronos A，Zipkin P. Estimating the performance of multi-level inventory system［J］. Operations Research，1988，36(1)：57－72.

［16］杨秉喜，李金国，张义芳，等. GJB4355－2002 备件供应规划要求. 北京：中国人民解放军总装备部，2003.

［17］［挪威］Marvin Rausand. 系统可靠性理论：模型、统计方法及应用［M］. 郭强，王秋芳，刘树林，译. 北京：国防工业出版社，2012.

［18］张志华. 可靠性理论及工程应用［M］. 北京：科学出版社，2012.

［19］U Dinesh Kumar. 可靠性、维修性与后勤保障——寿命周期方法［M］. 刘庆华，宋宁哲，等译. 北京：电子工业出版社，2010.

［20］丁定浩，陆军，刘俊荣. 备件保障概率新模型［J］. 中国电子科学研究院学报，2009，4(3)：327－330.

［21］茆诗松，程依明，濮晓龙. 概率论与数理统计教程［M］.2 版. 北京：高等教育出版社，2010.

［22］阮旻智. 多级维修供应模式下舰船装备备件的配置优化方法研究［D］. 武汉：海军工程大学，2012.

［23］Sherbrooke C C. Optimal inventory modeling of systems：multi-echelon techniques (second edition)［M］. Boston：Artech House，2004.

［24］王乃超，康锐. 基于备件保障概率的多级库存优化模型［J］. 航空学报，2009，30(6)：1043－1047.

［25］Rustenburg W D. A system approach to budget-constrained spare parts management ［D］. Enschede，The Netherlands：University of Twente，2000.

索　引

（按汉语拼音顺序排列）